# 附加质量法

## ——堆石体密度原位快速检测技术

李玨武　胡伟华　张建清　耿瑜平　李一鸣　著

黄河水利出版社
·郑州·

# 内 容 提 要

本书介绍了一种堆石体密度原位快速检测技术——附加质量法,主要内容包括基本原理、方法技术、误差分析以及存在问题,可供有关专业的检测、设计、施工、科研人员以及大专院校师生参考。

**图书在版编目(CIP)数据**

附加质量法:堆石体密度原位快速检测技术/李丕武等著. —郑州:黄河水利出版社,2014.11
ISBN 978 - 7 - 5509 - 0839 - 0

Ⅰ.①附…　Ⅱ.①李…　Ⅲ.①堆石坝 - 密度 - 检测
Ⅳ.①TV641.4

中国版本图书馆 CIP 数据核字(2014)第 168837 号

出 版 社:黄河水利出版社
　　　　地址:河南省郑州市顺河路黄委会综合楼 14 层　邮政编码:450003
发行单位:黄河水利出版社
　　　　发行部电话:0371 - 66026940、66020550、66028024、66022620(传真)
　　　　E-mail:hhslcbs@126.com
承印单位:河南省瑞光印务股份有限公司
开本:850 mm×1 168 mm　1/32
印张:7.75
字数:194 千字　　　　　　　　　印数:1—1 500
版次:2014 年 11 月第 1 版　　　　印次:2014 年 11 月第 1 次印刷

定价:35.00 元

# 前　言

　　附加质量法是一种堆石体密度原位无损动测法。这种方法是以单自由度线弹性体系为理论模型,并根据叠加原理采取在堆石土振动体系上附加多级刚性质量体的办法,测出体系的自振频率,解出体系的动刚度和参振质量,再将其转化为堆石体密度的。由于堆石体密度是通过附加质量的办法求得的,故得名为"附加质量法"。

　　长期以来,在堆石坝、堆石路基、堆石地基等工程堆石材料压实密度的检测中习惯采用的方法是坑测法。由于坑测法需要完成挖坑、采样、称重、灌水、测量试坑体积、试坑回填压实等多道工序,而且为了不扰动试坑边沿堆石土的原状结构,完成以上工序主要靠人工作业,故每个测点的现场作业时间少则几个小时,多则十几个小时,加上资料整理分析工作,时间就更长,严重影响了工程进度。为了缓解检测与施工的矛盾,很早以前就有诸多快速无损方法试图涉足堆石体密度检测工作,如面波法、冲击法、弯沉法等,但皆因误差太大、稳定性不好而告终。

　　为寻求堆石体密度快速有效的检测办法,1995 年黄河水利委员会勘测规划设计研究院物探总队(黄河勘测规划设计有限公司工程物探研究院前身)提出,将 1990 年提出的"地基承载力动测的附加质量法"中的动参数测试思路引入堆石体密度测试,并恰逢小浪底堆石坝工程开工,随即将其列入了"黄河小浪底工程施工科研项目",从而揭开了附加质量法检测堆石体密度的序幕。继而,黄河水利委员会、长江水利委员会、昆明勘测设计研究院、贵阳勘测设计研究院的物探工作者,先后在黄河小浪底、澜沧江糯扎渡、乌江洪家渡、金沙江梨园水电站的堆石坝工程压实质量检测中做了大量试验研究和工程检测工作,历时 19 年,累计检测点位 2 万多个,取得了 300 多组对比(与坑测密度对比)资料,为附加质量法的改进和提高积累了宝贵经验。据统计,用附加质量法测得的密度的相对误差不超过 2.5% 的点数达到了 92%,每个点的现场作业时间一般不超过 20 min,有效缓解了施工与检测的矛盾。

但测试中也发现一些棘手问题,如频谱曲线出现双峰或多峰;附加质量加大,主频不减反增,或者不变;$\omega^{-2}$—$\Delta m$ 图像呈曲线或折线等。这些现象均与附加质量法的理论模型不符,是非单自由度非线性问题的反映。对于非线性问题,本书中虽然引入了一些线性化的处理方法,但没有深入研究,对非单自由度问题更是如此。

撰写本书的目的在于总结经验、理清问题,为研究者、应用者和读者提供一份系统资料,使之对附加质量法有一个客观、全面的了解,以抛砖引玉。

最后,对曾从事过这项技术试验、研究、推广、应用和提出过意见、建议的单位和个人表示衷心感谢!本书错漏和不妥之处恭盼指正。

**李丕武**

2014 年 3 月

# 目　录

# 第1章 绪 论

## 1.1 堆石体

### 1.1.1 广义堆石体

堆石体是指由颗粒粒径悬殊的岩块、漂石、卵石、碎石、砾石、砂粒、粉粒、黏粒、水、气以及其他杂物所组成的堆积体。其颗粒组成及物理力学特性与土力学中的土类物质相似。一般情况下,堆石体既不同于固态物质,也不同于流态物质。固态物质具有明显的整体性,堆石体则没有;流态物质具有明显的流动性,堆石体也没有。堆石体在一定条件下具有一定的形态,如锥形、台形、堤形等;在另一些条件,譬如强地震力作用下,可能局部或全部失稳,崩塌、滑动、流动,如滑坡体、泥石流等,表现出流态物质的特性。在力学性质上,当应变量级小于 $10^{-4}$ 时,堆石体为弹性体,符合固体弹性力学性质,可以用振动、波动的应力、应变传递规律描述;当应变量级大于 $10^{-4}$ 时,可能表现为弹塑性、塑性或蠕变、流动等。堆石体这种"似固非固,似流非流,辗转多变"的特性与颗粒物质(散状固体颗粒)非常相似。

颗粒物质是由大量不同粒径的、离散状态的固体物质所组成的。例如,砂、石、土堆积体,煤炭、矿石、水泥堆积体,粮食、盐粒、散装货物堆积体,浮冰、冰雹、积雪堆积体等。颗粒物质的存在非常普遍,颗粒物质与非颗粒物质(固态物质或流态物质)相比,突出的特点是在一定条件下"似固非固,似流非流"。堆石体与颗粒物质有许多相似之处。颗粒物质尽管非常普遍,但很多基础力学问题并没有得到解决。例如,现有的土力学和散体力学的理论框架都是建立在体积微元应力、应变本构关系基础上的,无法仔细考虑颗粒的几何形状、物理性质、颗粒级配以及孔隙、颗粒耦合等细节,基本上超不出宏观范畴。因此,对颗粒物质力学性质的认识有一定局限性,不能满足工程对细观领域认识的要求。随着对颗粒物质研究工作的不断深入和展宽,"仓储效应"和"拱效应"被认为是颗粒物质两个特有的性质。所谓"仓储效应",是指粮食在仓储堆积到某一高度之前,仓底压力与堆积高度成正比,类同于液体;超过某一高度之后,堆积高度继续增加,仓底压力却不再增加。所谓"拱效应",是指在重力场中颗粒物质内部的应力分布是不均匀的,由"力链"构成的"拱形结构"传递应力,"力链"由连成串的颗粒所组成,许多"力链"相连,形成不均匀的"力链网"而构成"拱"。"力链拱"上的应力很强,拱旁边的颗粒受力很弱,或者不受力。因此,"力链拱"上的颗粒受到一些小的扰动,就可能造成原本稳定的颗粒堆积体局部或全部崩塌,如雪崩、山体滑坡、泥石流等。颗粒物质的堆积密度是影响颗粒物质性质的一个重要物理量,颗粒物质的堆积密度不仅对颗粒物质的静态性质的影响很敏感,对其动态性质的影响也非常敏感。事实证明,颗粒物质的静态失稳,无不与其局部或全部密度较低有关。这一点很值得在研究堆石体工程的稳定性时借鉴。由于颗粒物质存在的广泛性以及与人类活动关系的密切性,人们对颗粒物质研究的积极性被激起,并取得了许多有意义的成果。但总的来说,对颗粒物质的认识还很肤浅,基本理论框架尚未建立,基本问题(如机制问题)尚未搞清,许多应用方面的问题亟待研究工作的突破。

堆石体与一般颗粒物质虽然总体性状(似固非固,似流非流)类同,但在颗粒组成和力学性质方面却有较大差异。一般颗粒物质,如粮食、果品、卵石、干砂、干土、煤炭、矿石、煤灰、冰雹、雪堆积体等,颗粒组成往往比较均匀,"力链拱"效应比较显著,整体稳定性较差,极易崩塌、滑动。堆石体,尤其作为建筑材料的堆石体,一般是由粒径悬殊的大、中、小、微各种不同的颗粒所组成的,如由巨型石块、碎石(卵石)、砂子、粉土、黏土所组成,级配较好。土力学中把堆石体归为"巨粒土"或"块碎石土"。土的相关分类见表1.1.1和表1.1.2。

表1.1.1　土粒粒组的划分

| 粒组统称 | 粒组名称 | | 粒径范围(mm) | 一般特性 |
|---|---|---|---|---|
| 巨粒 | 漂石(块石)粒 | | $d > 200$ | 透水性很大,无黏性,无毛细水 |
| | 卵石(块石)粒 | | $200 \geqslant d > 60$ | |
| 粗粒 | 砾粒 | 粗砾 | $60 \geqslant d > 20$ | 透水性大,无黏性,毛细水上升高度不超过粒径大小 |
| | | 细砾 | | |
| | 砂粒 | | $20 \geqslant d > 0.075$ | 易透水,无黏性,遇水不膨胀,干燥时松散,毛细水上升高度不大 |
| 细粒 | 粉粒 | | $0.075 \geqslant d > 0.005$ | 透水性小,湿时稍有黏性,遇水膨胀小,干时稍有收缩,毛细水上升高度较大,易冻胀 |
| | 黏粒 | | $d \leqslant 0.005$ | 透水性很小,湿时有黏性、可塑性,遇水膨胀大,干时收缩显著,毛细水上升高度大,但速度慢 |

由此可见,堆石体具有土的基本属性,如三相(固相、液相、气相)性、碎散性和不均匀性,总体而言属于土力学中的"土"类物质。

表 1.1.2　碎石类土的划分

| 土的名称 | 颗粒形状 | 颗粒级配 |
|---|---|---|
| 漂石<br>块石 | 圆形及亚圆形为主<br>棱角形为主 | 粒径大于 200 mm 的颗粒超过全重的 50% |
| 卵石<br>碎石 | 圆形及亚圆形为主<br>棱角形为主 | 粒径大于 20 mm 的颗粒超过全重的 50% |
| 圆砾<br>角砾 | 圆形及亚圆形为主<br>棱角形为主 | 粒径大于 2 mm 的颗粒超过全重的 50% |

注:定名时应根据粒组含量由大到小以最先符合者确定。

由于成因不同,堆石体又分为天然堆石体和工程堆石体。天然堆石体,如山岩滑坡体、堰塞体、泥石流等;工程堆石体,即作为工程材料用的堆石体,如堆石坝、堆石路基、堆石地基、爆破堆石体等。工程堆石体对颗粒级配、孔隙率都有一定要求,大多为经过分层碾压、强夯作用后的堆石体,密度较高,稳定性较好。例如我国堆石坝工程堆石体干密度一般要求达到 $2.0 \text{ g/cm}^3$ 以上,孔隙率为 20% ~25%。天然堆石体的密度较低,据重庆市 10 个滑坡体的实测资料统计,其干密度仅为 $1.5 \sim 1.7 \text{ g/cm}^3$,孔隙率为37.5%左右,稳定性较差。

## 1.1.2　工程堆石体

由于堆石体具有压实性好、填筑密度大、沉陷变形小、承载力高、透水性强、对不同地质条件的工程地基适应性强、稳定性好,能充分利用当地堆石材料、洞渣、施工简单、易修复、抗震性能良好等优点,故被广泛应用于坝工、路基、地基改良等工程。

例如,我国四川紫坪铺堆石坝,距汶川"5·12"地震震中仅 17 km,虽然地震震级 8 级、震中烈度 11 度,超过了大坝设计烈度,但震后,坝顶最大沉降仅为 0.9~1.0 m,沉降与坝高(156 m)之比仅为 0.6% 左右,大坝水平位移 360 mm,坝坡仅有局部滑塌,面板局部破坏、脱空,大坝结构功能受地震影响较小,整体安全,为堆石坝良好的抗震性能提供了一个不可多得的例证。实践证明,堆石体是一种安全、经济、环保、社会综合效益较高的工程建筑材料,所以堆石体工程发展很快。

日本、意大利、西班牙的坝工建筑在过去相当长时期曾以混凝土坝为主,现在当地材料坝占多数;据近期统计,美国的土石坝是混凝土坝的 100 倍,美国国家标准文件中规定,只有在施工现场没有适于土石坝的土石材料时才能选择其他坝型。这就是说,土石坝的安全、经济、环保、技术等综合指标优于其他坝型已为共识。据统计,1980~1990 年,我国就建成坝高 100 m 以上的面板堆石坝 10 座(全世界 36 座),至 2003 年已建、在建混凝土面板堆石坝逾 110 座,其中坝高 100 m 以上的 31 座,如天生桥 178 m,水布垭 233 m,目前堆石坝在建工程有糯扎渡(主体工程已完成)、梨园、观音岩等,其中糯扎渡堆石坝最大坝高达 261.5 m,为同类坝型的世界第三、亚洲第一高坝,小型堆石坝工程数以千计。其工程数量之多、堆石工程量之大、填筑强度之高是其他坝型难以比拟的。例如,乌江洪家渡堆石坝,坝高 179.5 m,堆石填方总量 900 万 $m^3$,月填筑强度 33.7 万 $m^3$;天生桥堆石坝,总填方 1 800 万 $m^3$,最大月填筑强度 117.93 万 $m^3$;黄河小浪底堆石坝,最大坝高 154 m,总填方 5 815 万 $m^3$,最大月填筑强度 158 万 $m^3$,最大日填筑强度 6.71 万 $m^3$;澜沧江糯扎渡堆石坝,总填方 3 432 万 $m^3$,最大月填筑强度 100 万 $m^3$。

总之,堆石坝在坝工建筑中的比重越来越大,高坝越来越多,填筑强度越来越高,是目前水利水电坝工建筑发展的总趋势,随之而来的坝体安全问题一直是令人关注的一个重要问题。对于面板堆石坝,面板的结构裂缝是威胁坝体安全的主要因素之一,据了解,面板的结构裂缝主要是坝体变形(沉降)过大以及不均匀所致,解决的有效办法是提高坝体堆石料的密实度、把好坝体堆石填筑料的质量关、留有足够的沉降时间。无疑,堆石体材料的压实密度检测,是控制堆石体工程施工质量的关键环节。

## 1.2 堆石体压实质量控制指标

堆石体压实质量控制指标,常用的有干密度、压实度和孔隙度(或称孔隙率)。设干密度、压实度和孔隙度的检测值分别为 $\rho$、$p$ 和 $n$,设计值分别为 $[\rho]$、$[p]$、$[n]$,当满足下列三式时为合格,否则为不合格。

$$\rho \geqslant [\rho] \tag{1.2.1}$$

$$p \geqslant [p] \tag{1.2.2}$$

$$n \leqslant [n] \tag{1.2.3}$$

式中

$$p = \frac{\rho}{\rho_{最大}} \tag{1.2.4}$$

$$n = 1 - \frac{\rho}{G} \tag{1.2.5}$$

其中,$\rho_{最大}$ 根据土工试验确定;$G$ 为堆石体固体颗粒密度,在数值上等于固体颗粒比重。

由此可见,堆石体干密度是衡量堆石体工程压实质量的最基本的物理指标。除此之外,用于堆石体工程压实质量控制的指标还有碾压遍数,即实际碾压遍数不能少于设计试验能够达到设计干密度值相应的碾压遍数。施工中俗称干密度、碾压遍数"双控"。

## 1.3 堆石体密度

堆石体密度,按照土力学的定义为单位体积的堆石体质量,与重力密度、相对密度不同。土的重力密度,即土的单位体积重量,或称重度、容重;相对密度,主要是对无黏性土的颗粒紧密程度而言。设土(含堆石体)的质量密度为 $\rho$、重力密度为 $\gamma$、相对密度为 $D_r$,分别由下列各式表示。注:本书以后章节所讲的密度指的是质量密度,不再重申。

$$\rho = \frac{m}{V} \qquad (1.3.1)$$

$$\gamma = \frac{mg}{V} = \rho g \qquad (1.3.2)$$

$$D_r = \frac{e_{\max} - e}{e_{\max} - e_{\min}} \qquad (1.3.3)$$

式中    $m$——相应体积 $V$ 的质量;

$V$——相应质量 $m$ 的体积;

$e$、$e_{\max}$、$e_{\min}$——实测孔隙比、最大孔隙比、最小孔隙比;

$g$——重力加速度。

湿密度、干密度、含水率:由于堆石体为三相(固相、液相、气相)结构,根据土力学对土的定义,含水的堆石体密度为湿密度,不含水的堆石体密度为干密度,堆石体中水的质量与固体颗粒质量的比为含水率。设堆石体的湿密度、干密度、含水率分别为 $\rho_w$、$\rho_d$、$W$,则:

$$\rho_w = \frac{m_w}{V} \qquad (1.3.4)$$

$$\rho_d = \frac{m_d}{V} \qquad (1.3.5)$$

$$W = \frac{m_w - m_d}{m_d} \qquad (1.3.6)$$

式中    $m_w$——相应体积 $V$ 的含水堆石体的质量;

$m_d$——相应体积 $V$ 的干堆石体(脱水后)的质量;

$V$——相应质量 $m_w$ 的体积(总体积)。

# 1.4　堆石体压实质量检测与控制方法综述

据了解,涉及堆石体工程施工压实质量检测与控制的方法有两种类型:一种是可以提供干密度指标的方法,如坑测法、面波法、弯沉法、瞬态冲击法、落球法以及核射线法等;另一种不能直接提供干密度指标的方法,如压实计法、动力触探法、静载荷试验法以及控制沉降和碾压遍数法等。现对上述各种方法作简要介绍。

## 1.4.1　坑测法

《土工试验方法标准》(GB/T 50123—1999)、《土工试验规程》(SD 128—84)、《土工试验规程》(SL 237—1999)、《碾压式土石坝施工技术规范》(SDJ 213—83)以及《碾压式土石坝施工规范》(DL/T 5129—2001)等,对砾卵石、堆石土的密度检测试验的方法技术、适用条件等都有详细规定。

坑测法密度试验的基本内容和工作程序是挖坑、取料、称质量、量体积、脱水、计算密度,其中量体积的方法有坑中灌砂和灌水法。对于粗粒土,宜用灌水法,见图1.4.1。

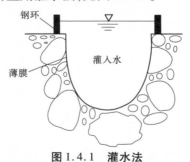

钢环

灌入水

薄膜

**图1.4.1　灌水法**

国家标准中,将试坑的大小规定为取料颗粒最大粒径的4~5倍,见表1.4.1。

表 1.4.1 试坑尺寸与最大粒径要求

| 最大粒径<br>（mm） | 试坑直径<br>（mm） | 试坑深度<br>（mm） | 密度精度<br>（g/cm³） | 资料来源 |
|---|---|---|---|---|
| 60 | 250 | 300 | 0.01 | GB/T 50123—1999 |
| 80 | 250 | 300 | 0.01 | SD 128—84 |
| 200 | 800 | 1 000 | 0.01 | SL 237—1999 |

由于坑测法概念清晰直观、方法简单易行,故一直在土的原位密度测试中占据重要位置,并应用于堆石体工程(堆石坝、堆石路基、堆石地基等)施工质量检测控制。《碾压式土石坝施工技术规范》(SDJ 213—83)中规定,试坑直径为土样最大粒径的 3～5 倍,取样量对于堆石不小于 2 000～3 000 kg,对于砾石不小于 50～200 kg。《碾压式土石坝施工规范》(DL/T 5129—2001)提出,堆石料现场密度检测,宜采用挖坑灌水法,也可以辅以面波法、测沉降法等快速方法。挖坑灌水法的试坑直径不得小于坝料最大粒径的 2～3 倍,最大不超过 2 m,试坑深度为碾压层厚度。

关于堆石料压实密度的抽检率,《碾压式土石坝施工技术规范》(SDJ 213—83)提出,堆石料 10 000～50 000 m³ 1 次,砾料 400～2 000 m³ 1 次;《碾压式土石坝施工规范》(DL/T 5129—2001)提出,过渡料 500～1 000 m³ 1 次,坝壳砂砾料 5 000～10 000 m³ 1 次,坝壳砾质土 3 000～6 000 m³ 1 次,堆石料 10 000～100 000 m³ 1 次。《碾压式土石坝施工规范》(DL/T 5129—2001)规定,堆石料、砂砾料所测定的干密度,平均值应不小于设计值,标准差应不大于 0.1 g/cm³,当样本数小于 20 组时,应按合格率不小于 90%,不合格干密度不得低于设计干密度的 95% 控制。《建筑地基基础设计规范》(GB 50007—2002)规定,在压实填土过程中,应分层取样检验土的干密度和含水量,每 50～100 m² 的面积内应有 1 个检验点。

综上所述,对于堆石坝堆石料的密度检测,随着材料粒径的增大,其试坑直径与最大粒径的比值越来越小,由 3 ~ 5 倍减小到 2 倍左右,试坑深度由 5 倍左右减小到 1 倍,而且,抽检率越来越低,由 10 000 ~ 50 000 m³ 1 次降低至 10 000 ~ 100 000 m³ 1 次,比一般施工质量检测的最低抽检率低得多。这是为什么呢?是堆石料不需要么?非也。由于堆石料在颗粒结构上与一般粗粒土相比,具有明显的不均匀性和变异性,如水布垭堆石料的不均匀系数 ($d_{60}/d_{10}$) 一般在 10 以上,最大为 46.6,从统计学角度来看,不均匀性、变异性大,恰恰需要较高的抽检率才能估计总体密度变化的实际情况。在施工中执行的情况却相反,试坑越来越小(与最大粒径相比),抽检率越来越低。主要原因是:由于挖坑难度大、时间长,影响工程进度。堆石料的最大粒径常达几十厘米、上百厘米,人工挖坑多有不便,有时还需要将大石块截断才可取出称重,破石振动也会影响测点的原状结构,导致密度有所改变,同时巨石的凸现会使得坑边沿凹凸过甚,影响体积测量的准确度。由于挖坑取石难度大又不能用机械操作(振动影响会破坏测点的原状结构),因此一个测点的现场作业往往导致几个、十几个小时不能上料碾压。检测与施工的矛盾是困扰堆石体工程进度的一大难题,为缓解这一矛盾,故试坑越来越小,抽检率越来越低。为使这一矛盾能够得到进一步缓解,许多快速无损检测方法纷纷涉足堆石体密度的检测试验工作。

## 1.4.2　面波法

面波法检测堆石体密度的思路是:首先测量堆石体碾压层的面波速度,而后利用面波速度与堆石体密度的关系,推求堆石体密度。其方法简便、思路清晰,如果结果准确,当然是一种堆石体密度快速检测的较佳选择。面波法已被《碾压式土石坝施工规范》

（DL/T 5129—2001）推荐作为堆石体密度检测的辅助方法,但至今未见其应用于堆石体密度检测中。

### 1.4.2.1　面波

当弹性介质表面被激震后,振动就会向远离震源的介质连续传播形成弹性波,传播过程中由于介质所受力的性质不同就形成压缩波(或称纵波、P 波)、剪切波(或称横波、S 波)及面波(或称 R 波),形成一个波传播的时间波列,如图 1.4.2 所示;P 波最快,S 波次之,R 波最慢。在均匀介质中,P 波、S 波以球面扩散传播,故称体波;R 波在大约 1 个波长的深度(主要能量集中在 1 个波长之内)沿介质表面向远离震源方向传播,由于面波是英国学者瑞雷(Rangteigh)在 1881 年发现的,故称"瑞雷面波"或"瑞雷波"。

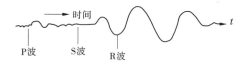

图 1.4.2　弹性波波列图

P 波速度最快,首先到达接收点,故称"首波",易于识别;S 波、R 波为续至波,波速要比 P 波慢得多,波的辨识要比 P 波困难得多。据《建筑振动工程手册》(徐建,中国建筑工业出版社,2002年),R 波在一般土场地(泊松比 $\mu \geqslant 0.35$)距震源 $2.5\lambda_R$($\lambda_R$ 为面波波长)以远具有能量优势;据《动力地基与基础》(王杰贤,科学出版社,2001 年),离震源约 20 m 以内瑞雷波能量占的比例不大,只有在远离震源时才能清晰鉴别出来。P 波、S 波、R 波三种波在远源场辐射的能量分配是 7%、26%、67%,即远源场总能量的2/3被 R 波占据,故远源场的地面振动主要由 R 波造成。

R 波的另一个重要性质是,波速 $V_R$ 略小于横波(S 波)速度

$V_S$,$V_R$ 与 $V_S$ 的关系(杨成林等,《瑞雷波勘探》,地质出版社,1993 年)见式(1.4.1),式中 $\mu$ 为介质的泊松比。

$$V_R = \frac{0.87 + 1.12\mu}{1 + \mu} V_S \qquad (1.4.1)$$

$$\mu = \frac{V_P^2 - 2V_S^2}{2(V_P^2 - V_S^2)} \qquad (1.4.2)$$

R 波还有一个重要性质,就是具有速度频散,即在非均匀介质中的面波速度与振动频率有关。如在层状介质中,随着面波振动频率的降低,波长变大,有效影响深度就会相应地变深,由于层状介质的弹性不均匀性,瑞雷波速度 $V_R$(相速度)相应地变化,使得勘探深度由浅入深,这就是"频率测深"在面波中的体观。但在均匀介质中的面波速度与频率无关。在均匀介质中无速度频散,在非均匀介质中有速度频散的性质,是面波勘探的物理前提。

综上所述,影响深度约为 1 个波长、远源场有能量优势、非均匀介质中的速度频散是瑞雷波特有的物理性质,是面波法勘探的基本依据。

### 1.4.2.2 面波速度与介质密度的关系

面波速度与介质密度的关系可从三个方面分析:一是弹性理论关系;二是二层结构模型中的关系;三是经验关系。

#### 1. 弹性理论关系

《瑞雷波勘探》(杨成林等,地质出版社,1993 年)引入了弹性介质中剪切模量 $G$、介质密度 $\rho$、横波速度 $V_S$ 的关系,见式(1.4.3)。将 $V_R$ 与 $V_S$ 的关系式(1.4.1)代入式(1.4.3),得密度 $\rho$ 与 $G$、$V_R$ 的关系式(1.4.4)。

$$G = V_S^2 \rho \qquad (1.4.3)$$

$$\rho = a_R^2 \frac{G}{V_R^2} \qquad (1.4.4)$$

$$a_R = \frac{0.87 + 1.12\mu}{1 + \mu} \qquad (1.4.5)$$

## 2. 二层结构模型中的关系

图 1.4.3 是二层结构变换模型参数的 $V_R$—$T$ 正演曲线,纵坐标为面波速度 $V_R$(m/s),横坐标为周期 $T$(ms),$\rho_1$ 为第 1 层介质的密度。变换第 1 层介质的密度得出一组相应的曲线,模型参数见表 1.4.2。

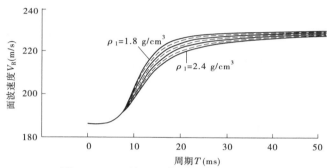

**图 1.4.3   正演二层介质面波频散曲线**

**表 1.4.2   模型参数**

| 层次 | $V_P$(m/s) | $V_S$(m/s) | 层厚度(m) | 密度(g/cm³) |
|------|------------|------------|-----------|-------------|
| 1 | 400 | 200 | 1 | 1.8 |
| 2 | 500 | 250 | | 2.4 |

从图 1.4.3 可以看出:①当频率很高时(曲线的左端)曲线族趋于水平线段 $V_R \approx 183$ m/s,密度的变化对面波速度没有影响;②当振动周期为 15~20 ms 时(曲线中段)密度的变化对面波速度的影响最大,密度由 1.8 g/cm³ 变至 2.4 g/cm³ 时,面波速度相应由 220 m/s 变至 211 m/s,密度变化了 0.6 g/cm³,面波速度变化了 9 m/s。这个结果说明,密度的变化对面波速度变化的影响很小,面波速度的变化对密度影响很大。当密度变化 0.1 g/cm³ 时面波速度的变化仅为 1.5 m/s,当面波速度有 1 m/s 的变化时,密度将有 0.066 g/cm³ 的变化。

3．经验关系

（1）四川田湾河仁宗海堆石坝实测干密度与面波速度数据（数据来源于 2008 年研究报告）见表 1.4.3。

表 1.4.3　田湾河仁宗海堆石坝实测干密度、面波速度资料

| $\rho$（g/cm³） | 2.11 | 2.22 | 2.10 | 2.20 | 2.16 | 2.18 | 2.13 | 2.20 | 2.13 | 2.15 |
|---|---|---|---|---|---|---|---|---|---|---|
| $V_R$（m/s） | 212 | 173 | 173 | 173 | 158 | 190 | 147 | 177 | 152 | 190 |

注：表中 $V_R$ 为瞬态法实测面波速度，$\rho$ 为坑测法干密度，$\rho—V_R$ 关系见图 1.4.4。

（2）图 1.4.5 为根据十三陵电站上池混凝土面板堆石坝实测资料得到的 $\rho—V_R$ 关系（见文献[6]）。

图 1.4.4 中 $\rho—V_R$ 显然为零相关，图 1.4.5 中 $\rho—V_R$ 为较好的线性相关，两者相差甚大。

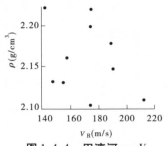

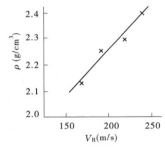

图 1.4.4　田湾河 $\rho—V_R$　　　图 1.4.5　十三陵电站上池 $\rho—V_R$

### 1.4.2.3　面波速度的测试

面波速度的测试精度是利用面波检测堆石体密度成败的关键。

面波速度测量的基本方法有两种，即稳态法与瞬态法。稳态法采用的震源为可控震源，激震频率可以人为设置，拾震器得到的信号为对应设定频率的振动信号，拾震器须按 $\dfrac{\lambda}{2}$（$\lambda$ 为面波波长）

埋设,观测系统如图 1.4.6 所示。为了保证测试精度,拾震器的间距可按 $\frac{\lambda}{2}$、$\lambda$、$\frac{3}{2}\lambda$ 埋设,相位差 $\Delta\varphi$ 分别为 $\pi$、$2\pi$、$3\pi$ 等,如果几次所测面波速度 $V_R$ 的平均误差 $\Delta V_R < 5\%$,即可认为测量是有效的。如面波到达 1、2、3、4 号拾震器的时间分别为 $t_1$、$t_2$、$t_3$、$t_4$,各拾震器之间的时间差分别为 $\Delta t_1 = t_2 - t_1$,$\Delta t_2 = t_3 - t_2$,$\Delta t_3 = t_4 - t_3$,$\Delta t_{1-4} = t_4 - t_1$,则面波速度为

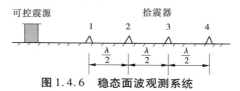

图 1.4.6 稳态面波观测系统

$$V_{R1-2} = \frac{\lambda}{2\Delta t_1}$$

$$V_{R2-3} = \frac{\lambda}{2\Delta t_2}$$

$$V_{R3-4} = \frac{\lambda}{2\Delta t_3}$$

$$V_{R1-4} = \frac{3\lambda}{2\Delta t_{1-4}}$$

瞬态法采用的是冲击式震源(瞬态震源,如锤击、落重等),观测系统如图 1.4.7 所示。其激发和接收信号中含有丰富的频率成分,通过频谱分析,可以从接收信号中提取不同频率所对应的面波速度,用不同频率、波长或勘探深度所对应的面波速度 $V_R$,即可绘

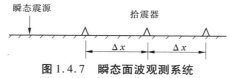

图 1.4.7 瞬态面波观测系统

制面波频散曲线,见图 1.4.8。

稳态法由于频率可选可控,一个频率对应一个面波速度,故又称单频法。它虽然震源较笨重(几十千克甚至上百千克),但后处理较简单,所测面波速度比较准确。瞬态法虽然设备比较轻便,现场操作简单,但后处理比较麻烦,误差较大。据中国科学院武汉岩土力学所柴华友在《瑞雷波分析方法及其在工程中的应用》(1997 年)中的介绍,面波速度的最高分辨率:瞬态法为10%,稳态法为 5%。

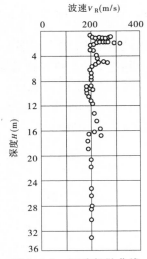

**图 1.4.8 面波频散曲线**

堆石体碾压层面波速度的测量比较困难:其一,因为堆石体是一种非常不均匀的介质,速度的各向异性非常显著,也就是说,同一点不同方位的面波速度不同;其二,对面波影响的有效深度是0.5 个波长、1 个波长还是 1.5 个波长说法不一,由于碾压层的厚度是一个定值,探测深度与波长有关,若探测深度大于层厚度就要串层,若探测深度小于层厚度则不能反映碾压层的真实波速;其三,瞬态法欲获得浅部面波信号非常困难,而堆石体密度检测恰恰需要浅部面波信号。

### 1.4.2.4 用面波速度求堆石体密度

用面波速度求堆石体密度可归纳为解析法和相关法。

(1)解析法:从理论上讲,可以利用面波速度 $V_R$ 与密度 $\rho$ 的解析关系式(1.4.4)计算堆石体密度。

但由于剪切模量 $G$ 和泊松比 $\mu$ 是不知道的,因此直接利用该式计算密度是不实际的。也就是说,欲利用该式计算密度,还要做 $G$ 和 $\mu$ 的测量工作,这样利用面波法快速测量密度的初衷将不复存在。

(2)相关法:就是利用密度与面波速度的相关关系求解密度。相关法是否可行,很重要的一个问题是面波速度与密度是否有较好的关系。图1.4.4和图1.4.5给出了相反的结果。王康臣在《填石路堤在高速公路的应用研究》中认为,填石的压实干密度与相应的面波速度并无明显关系。

即使某工程堆石体的密度与其面波速度存在一定的关系,由于面波速度的测量误差一般为5%(稳态)~10%(瞬态),也会导致密度误差不低于5%~10%(按线性关系考虑),这样大的误差对工程压实质量的控制是没有意义的。

以上分析,或许就是多年来面波法未被工程采用的主要原因。

## 1.4.3 弯沉法

弯沉法是从丹麦引进的用于路基地基承载力、弹性模量检测的一种动测法。它的主要设备是一台便携式落锤弯沉仪 PFWD,故又称 PFWD 便携式落锤弯沉仪检测法,其组成与工作原理如图1.4.9所示。

仪器由加载系统、数据采集系统与数据传输处理系统组成。现场作业程序:将仪器摆放于测点,并将 10 kg 的落锤提升至一定高度,然后释放让其自由下落,使落锤冲击荷载板,在冲击荷载作用下,荷载板产生竖向位移,由装置在锤上的力传感器和装置在荷载板上的位移传感器将冲击荷载的数值和荷载板的位移记录下来。将冲击力峰值及位移峰值代入刚度公式(1.4.6)中可以计算介质的刚度 $K$,根据弹性理论中弹性模量 $E$ 与刚度 $K$ 的关系可以计算介质的弹性模量,如式(1.4.7)、式(1.4.8)、式(1.4.9)所示,将剪切模量 $G$ 与介质密度的关系式(1.4.10)代入上列式中,可以

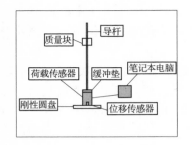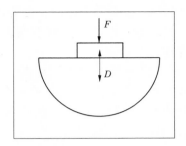

**图 1.4.9  PFWD 组成与工作原理**

得到密度 $\rho$ 与 $E$、$K$ 的函数关系。

$$K = \frac{F}{D} \tag{1.4.6}$$

$$K = \frac{4r}{1 - \mu}G \tag{1.4.7}$$

$$E = 2(1 + \mu)G \tag{1.4.8}$$

$$E = \frac{1 - \mu^2}{2r}\frac{F}{D} = \frac{1 - \mu^2}{2r}K = \eta K \tag{1.4.9}$$

$$G = V_s^2\rho \tag{1.4.10}$$

$$K = \frac{4r}{1 - \mu}V_s^2\rho \tag{1.4.11}$$

$$E = 2(1 + \mu)V_s^2\rho \tag{1.4.12}$$

式中　$F$——落锤冲击力峰值；

　　　$D$——荷载板位移峰值；

　　　$\mu$——板下介质的泊松比；

　　　$r$——圆形荷载板半径。

由于式(1.4.11)、式(1.4.12)中除 $K$ 外，还有 $V_s$、$\mu$ 两个未知参数，所以测得 $K$ 后尚不能直接计算介质密度 $\rho$。因此，欲由 $K$ 求密度 $\rho$，只有通过统计学中相关分析的办法，利用足够的实测样本数据，率定 $\rho$ 与 $K$、$E$ 的关系，如果相关关系较好，则可利用实测 $K$

以及 $K$、$\rho$ 关系求解密度 $\rho$。

据了解,河南燕山水库堆石坝施工过程中,曾利用弯沉法做过197 个点的试验工作,但 $\rho$、$K$ 的关系为零相关。

## 1.4.4 瞬态冲击法

瞬态冲击法早已应用于路基压实质量检测,其工作原理是:由于路基材料的压实度、含水量不同,冲击影响亦应不同。一般来讲,冲击响应 $a$(回弹变形)是压实度 $K$、含水量 $W$ 的二元函数,其中含水量对冲击响应的影响非常显著。由于冲击响应 $a$ 是在湿土状态下得到的,计算压实度时需要的是干密度,因此需要进行脱水处理。可以采用一般取样烘干的办法脱水,然后计算含水量,也可以用电容测湿法测定土中的含水量。一旦得到测点介质的冲击响应 $a$ 和介质的含水量,即可利用图 1.4.10 求解测点介质的压实度 $K$。

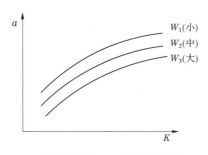

**图 1.4.10  $a$、$K$、$W$ 曲线图**

电容测湿法是一种现场快速测湿法,它的基本原理是利用土壤在不同含水量的情况下电性不同的性质来测湿度的。实践证明,同一类土随着含水量 $W$ 的增大,其介电常数增大,电容 $C$ 也相应增大,如图 1.4.11 所示。不过土的电容与其含水量的关系也要事先率定。

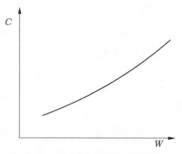

**图 1.4.11   C 与 W 关系图**

据了解，瞬态冲击法检测介质的压实度，对于黄土类土料已有较成熟的经验，对于堆石体是否有效，尚未查到有关资料。

### 1.4.5   落球法

落球法是采用一种装有传感器的半球形刚性下落装置，通过落球对岩土工程材料产生的冲击响应信号的采集、分析，可以迅速简便地得到材料的变形模量 $E$、内摩擦角 $\varphi$、凝聚力 $c$ 等参数，从而为岩土工程的稳定性分析提供依据。同时，通过标定，能得到变形模量 $E$ 与干密度 $\rho$ 的相关关系，为填筑材料的压实度、相对密度的测控提供一种快速检测方法。落球法响应图如图 1.4.12 所示。

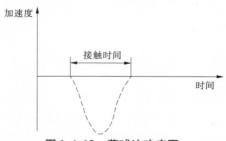

**图 1.4.12   落球法响应图**

落球法的冲击响应参数是球体与土体的接触时间，根据 Hertz

冲击理论,撞击接触时间与土体材料力学参数之间有如下关系:

$$T_e = 4.53 \left( \frac{\dfrac{1-\mu_1^2}{E_1} + \dfrac{1-\mu_2^2}{E_2}}{\sqrt{RV_e}} \frac{M}{\pi} \right)^{0.4} \quad (1.4.13)$$

式中　$T_e$——球与土的接触时间;

　　　$E_1$、$E_2$——球、土的弹性模量;

　　　$\mu_1$、$\mu_2$——球、土的泊松比;

　　　$V_e$——球、土的撞击速度,$V_e = \sqrt{2gH}$,其中 $H$ 为球的下落高度,$g$ 为撞击力加速度;

　　　$M$、$R$——球体质量、半径。

几点分析:

(1)落球法一般采用半径为 10 cm、质量为 12 ~ 18 kg 的半球体,下落高度 10 ~ 50 cm,在土石地基上产生应变量级的水平约 $10^{-2}$,属于大应变的动力测试范畴,而式(1.4.13)是根据完全弹性介质的弹性碰撞理论得出的,对此文献作者通过对速度积分的办法求出接触时间 $T_e$,并分别求出压缩模量和弹性模量,由于所求弹性模量精度较差,所以结果的可靠性值得质疑。

(2)式(1.4.13)中有两个未知参数,一个是土的弹性模量 $E_2$,另一个是土的泊松比 $\mu_2$,一个式子有两个未知参数,理论上是没有唯一解的。经验的解法是,根据经验不同的土选择不同的泊松比,而后代入式(1.4.13)计算另一个参数 $E_2$,但 $\mu_2$ 的影响依然不可忽略,因为根据误差传递理论可知,密度对误差的可容性是很小的,即使 5% ~ 10% 的误差也是不容许的。

(3)试验结果证明,落球法能够适应的介质最大粒径为 70 mm,影响深度 200 mm,对于最大粒径 600 mm、800 mm、1 000 mm 甚至更大粒径,碾压层厚度 1 000 mm 的堆石体材料能否奏效,还是未知的。

## 1.4.6 核射线法

采用核射线法探测土壤密度,国外始于20世纪50年代末60年代初。我国20世纪80年代初开始采用该法,目前该法在我国公路工程中已经得到了较好的应用。探测装置由射线源、探测器、计数装置等部分组成,如图1.4.13所示。

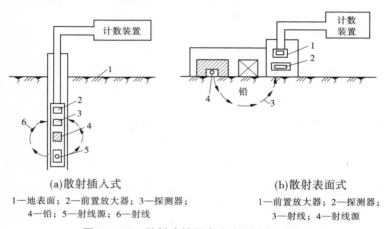

(a)散射插入式

1—地表面;2—前置放大器;3—探测器;
4—铅;5—射线源;6—射线

(b)散射表面式

1—前置放大器;2—探测器;
3—射线;4—射线源

**图1.4.13 散射式核子密实度测定原理图**

土石密度核射线检测技术的原理是:射线发射后与物质的外围电子进行弹性碰撞向四周散射,散射后的γ射线能量显著减小,方向改变,这就是著名的康普顿散射效应。物质密度越大,康普顿散射效应越强,吸收γ射线能量越大。所以,通过测量γ射线散射前后的强度变化就能判断被测物质(土、石)的密度。由于土、石等物质主要由硅、铝、锰、镁、钙等较轻元素组成,其等效原子序数与等效原子量的比值接近1/2,因此γ射线与土元素的相互作用主要表现为康普顿散射效应。又因γ射线的散射与吸收只与介质密度有关,与含水量基本无关,故所测密度为干密度。

康普顿散射效应测量物质密度的半经验公式为:

$$I = I_0 \frac{A}{R} \rho^h \mathrm{e}^{-BR\rho} \qquad (1.4.14)$$

式中 $I$——$\gamma$ 射线散射后的强度,用毫克镭当量表示;

$I_0$——$\gamma$ 射线散射前的强度,用毫克镭当量表示;

$A$——仪器常数,无量纲;

$R$——放射源与探测器之间的距离,cm;

$h$——指数常数,无量纲;

$B$——与放射源初始能量及探头几何尺寸有关的常数,无量纲;

$\rho$——所求的物质密度(如路基土壤密度),g/cm$^3$。

由式(1.4.14)看出,当公式中各项系数或常数确定后,所测物质(如土壤)密度即可求出,该公式可以变为下式:

$$\rho = \frac{I}{kI_0} \qquad (1.4.15)$$

式中 $k$——散射综合系数,即为各项系数与常数的综合,无量纲;

其他符号含义同式(1.4.14)。

由前述可知,$\gamma$ 射线与物质电子相撞时,一部分能量变成热能损耗,一部分能量仍然存在于物质中,另一部分能量散射到空气中。如果总能量为 $Q$,则

$$Q = q_1 + q_2 + q_3 \qquad (1.4.16)$$

式中 $q_1$——撞击时以热量损耗的能量;

$q_2$——撞击时散落在物质里的一小部分与密度无关的能量;

$q_3$——撞击时散射到空气中的能量。

由式(1.4.16)可以看出,$\gamma$ 射线与物质撞击后,被仪器检测到的能量只有 $q_3$,或式(1.4.15)中的 $I$。显然,要利用以上两式计算 $q_3$ 或 $I$ 是困难的,即使在式(1.4.15)中再补充两个系数——热损失系数与散落系数,也无法算出 $q_3$ 或 $I$。在这种情况下,只有利用

率定的办法,建立 $q_3$ 或 $I$ 与密度 $\rho$ 的关系之后,物质的密度才能被求出。

核射线法 1995 年 12 月曾在黄河小浪底堆石坝碾压层密度检测中做过试验,$\rho$—$I$ 的关系非常乱,这一结果再次证明了《土工试验规程》(SL 237—1999)的规定:环刀法、核射线法仅适用于细粒土,不适用于堆石材料工程。

## 1.4.7  压实计法

压实计法是将压实计装在振动碾上,初碾压时,由于土石料疏松,压实计受到的反作用力较小,随着碾压遍数增加,土石材料逐渐被压实,振动的反作用力加大,故振动响应与压实度存在着一定关系,利用这种关系即可实时监控碾压层的压实度是否满足要求。但此法不能提供干密度的定量数值,只能作为控制压实度的参考。

## 1.4.8  动力触探法

动力触探法是地质勘探常用的一种原位测试技术。其原理是利用一定的落锤能量,将一定尺寸、一定形状的探头打入土中,根据打入的难易程度(可用贯入度、锤击数或探头单位面积的动贯入阻力等)判定土层密实度。如果将探头换为标准贯入器,则称标准贯入试验。利用动力触探可以划分土层,确定土的物理力学性质,如确定砂性土的密实度、黏性土的物理状态,借以评定地基土承载力、强度、变形参数等。此方法适用于黏性、砂性土和砾石、卵石土等。动力触探的影响因素很多,如人为因素,落锤高度、锤击力、孔的垂直度、护壁和清孔情况等;设备因素,锤的大小和质量、探头的大小和形状、探杆的尺寸和质量、土的性质和勘探深度、土石的含水量等。

实践证明,动力触探法用于细粒土的原位勘探还是可以的,如用于堆石材料的巨粒碎石土探测,一旦遇到大石块的顶阻作用,不仅不能贯入,而且由于较大能量的锤击振动将会改变堆石体碾压后的原状结构,使密度发生变化,所得到的结果便失去了"原状密度"的真实性。

## 1.4.9  静载荷试验法

静载荷试验法是将直径 30 cm 的刚性圆板置于测点,而后分级加荷并观测载荷板的沉降量,当累计沉降量 $S$ 达到 0.125 cm 时,将相应的荷载 $P_{0.125}$ 与沉降量 $S_{0.125}$ 之比 $K_{30} = P_{0.125}/S_{0.125}$(可以理解为静刚度)作为压实质量的控制指标,这种方法也被称为 $K_{30}$ 法。目前,日本铁路路基填土的压实质量控制几乎全部用的是 $K_{30}$ 法,我国在"大秦线"铁路建设中亦曾使用这种方法来控制天然地基和砾质土料填筑的压实质量。但对于堆石材料可否应用该法,目前尚未查到有关资料。由于堆石材料的粒径过大、不均匀性显著、变异性强等特点,再加上 $K_{30}$ 法的设备较笨重、试验周期较长等因素,估计 $K_{30}$ 法应用于堆石材料的检测的有效性和可行性不容乐观。

## 1.4.10  控制沉降和碾压遍数法

控制沉降和碾压遍数法,是在工程填筑施工前先做试验,找出堆石材料压实沉降量和碾压遍数与相应干密度的关系,并确定沉降量、碾压遍数达到什么数值时,干密度才能达到设计要求,但此法不能提供测点的干密度值。在大面积施工中,由于试验与大面积施工碾压条件的差异,以及同一层料在平面分布上的不均匀性,也可能导致同一层、相同碾压遍数的碾压效果不同、密度数值不同。所以,这种方法不能代替密度测试,但作为压实质量的施工控制参考还一直在应用。目前,堆石坝施工质量的"双控",就是指:①控制碾压遍数;②控制干密度指标不低于设计值。

以上 10 种方法,除坑测法、控制沉降和碾压遍数法在堆石坝的施工质量控制中仍在应用外,其他 8 种方法虽曾涉足一定的试验工作,但《碾压式土石坝施工规范》(DL/T 5129—2001)发布实施以来,其他方法包括规范中曾经提出的面波法,并未被采用。其原因并非是工程的施工质量控制不需要这些快速检测方法,而是这些快速检测方法所提供密度值的稳定性和精度不能满足工程要求。由于堆石坝填筑施工高度机械化,工程进度迅速加快,压实密度传统检测方法坑测法没有实质性改进,因此施工与检测的矛盾依然尖锐,迫切需要一种速度快、稳定性好、准确可靠的方法来弥补坑测法的不足。

人们一直在寻求一种堆石体密度准确快捷、切实可行的检测方法。1995 年 12 月黄河小浪底堆石坝工程大规模填筑施工,为堆石体密度检测技术的试验研究提供了良机,从而开始了附加质量法检测堆石体密度的试验研究工作,为堆石体密度的快速检测试验点燃了希望之火。

## 1.5　附加质量法的基本思路

附加质量法是以单自由度线弹性振动体系为物理模型,以附加质量为手段,通过对振动体系固有频率的测试,求解测点介质(堆石体)刚度($K$)和参振质量($m_0$),再利用 $K$、$m_0$ 与它所对应的体积 $V_0$ 的关系而求解堆石密度的,如图 1.5.1 所示。利用附加质量法检测堆石体密度的理论依据:一是 $K$、$m_0$ 是线弹性体系所固有的两个参数,在边界条件(压板形状和大小)一定的情况下,仅与介质性质有关,与测试方法、测试环境、初始条件无关;二是 $K$、$m_0$ 与介质密度 $\rho$ 理论上存在着解析关系。根据弹性理论可以推出 $K$ 与 $\rho$ 的解析式,如式(1.5.1)和式(1.5.2)。

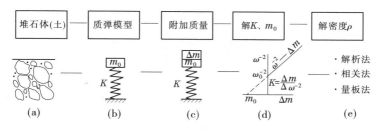

图 1.5.1　附加质量法检测堆石体密度思路图

$$K = \frac{4r_0}{1-\mu}G = \frac{4r_0}{1-\mu}V_s^2\rho \qquad (1.5.1)$$

$$G = V_s^2\rho \qquad (1.5.2)$$

式中　$K$、$G$、$\rho$——介质的竖向刚度、剪切模量、密度；

$V_s$、$\mu$、$r_0$——介质的横波速度、泊松比、承压板半径。

在线弹性模型中，$m_0$ 为土的有效参振质量，$\omega_0$ 是附加质量 $\Delta m = 0$、刚度为 $K$ 时体系（空簧）的固有频率。由式（1.5.1）可知，在弹性半空间模型中密度 $\rho$ 是一个独立变量，即 $K$ 中含有密度 $\rho$ 的信息。只要 $K$、$V_s$、$\mu$、$r_0$ 已知，就可以从中解出密度。由于 $V_s$、$\mu$ 的测量精度很难满足密度精度的要求，故一般不用式（1.5.1）求解。附加质量法检测堆石体密度能否成功，关键在于能否解决好以下三个问题：

（1）原型测点的振动规律是否与线弹性模型相符；

（2）$K$、$m_0$ 的测量精度能否满足密度反演的精度要求；

（3）密度反演方法是否合理，结果是否准确、有效。

从 1995 年黄河小浪底堆石坝工程施工开始，多年来堆石体密度检测的试验、研究工作的主攻目标就是以上三个问题。关于密度反演方法，1995 年提出了衰减系数法，2008 年提出了体积相关法，2009 年初提出了量板法，致使密度的反演精度得以逐步提高。

# 第2章　理论模型

　　客观事物的结构、性质和运动规律往往是非常复杂的,是由内部和外部各方面因素决定的。譬如,工程中的"土",是由大小不同、性质不同的母岩颗粒及其他杂物组成的,颗粒粒径相差比较悬殊,从几十厘米、几厘米、几毫米、零点几毫米乃至微米级;其性质表现为三相性(固相、液相、气相)、碎散性、不均匀性和各向异性。堆石土的结构和性质就更为复杂,最突出的特点表现为固体颗粒的粒径差异极大,分布极不均匀,由此导致堆石体不同部位的弹性差异也大。由此可见,堆石体(按土的工程分类属于巨粒土)一般条件下为非均质、非弹性(至少是非完全弹性)、非线性物体;如果不加条件限制地采用弹性理论的方法,如振动法、波动法,去研究堆石体力学问题、密度求解问题等,其结果是不会令人满意的。堆石体密度快速检测技术研究发展的历史已经证明了这一点。因此,对堆石体模型化的研究就更为重要。

　　众所周知,模型是在一定条件下对客观事物的高度抽象、简要概括和本质反映,是研究工作的有力工具。非如此,将会使研究工作陷入复杂繁乱的困境之中,甚至导致徒劳无功的后果。

　　对于堆石体,我们仍然以弹性力学为理论基础,着眼于宏观,把测点处的部分堆石体作为一个整体,去研究它的力、变形和密度的关系,不研究堆石体颗粒之间的接触应力、应变以及颗粒内部的应力、应变问题,即抓住宏观问题,舍弃细观和微观问题。在宏观问题中,重点对线性问题进行研究,非线性问题不作为重点。对于建模问题,为了走捷径,采取的手段是,首先考虑利用已有模型,不排除创建新模型。由于弹性参数 $K$、$m_0$ 的测试用的是一维模型,但密度的测试还有必要研究体积及影响范围问题,因此也需要研究二维、三维问题。所以,我们考虑的模型分为一维、二维、三维。

## 2.1　一维模型

堆石体测点原型如图2.1.1所示。

最典型、最简单的一维模型是由一个弹簧元件和一个质量元件所组成的振动体系,物理学把这种体系称为弹簧振子,如图2.1.2所示。

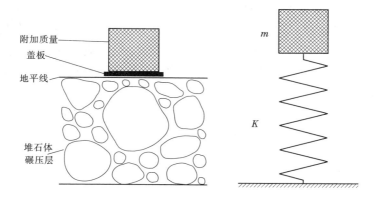

图2.1.1　堆石体测点原型　　　　图2.1.2　弹簧振子

振子的运动方位可以为一维、二维或三维,振子的位移与恢复力的关系可以是线性的,也可以是非线性的。为了使结构最简单、力学关系最简单、数学描述最简单、参数测试最简单,拟选"一维线性模型"为主要研究对象。如果设 $K$、$m$、$m_0$ 和 $C$ 分别为弹簧刚度、振子质量、弹簧自身的参振质量和系统阻尼,并定义刚度 $K$ 为弹簧单位变形的恢复力,阻尼 $C$ 为线性阻尼即振子单位运动速度的阻力,则振动根据 $m_0 = 0$ 或者 $m_0 \neq 0$, $C = 0$ 或者 $C \neq 0$, 又可分为 4 种模型。

## 2.1.1 $m$—$K$ 模型($C = 0, m_0 = 0$)

该系统由一个弹性元件和一个质量元件组成,如图 2.1.3 所示。其中,假定弹性元件只有弹性而无惯性($m_0 = 0$),质量元件只有惯性而无弹性,而且在振动过程中无能量耗散($C = 0$)。这种模型是一种最简单、最理想、最基本的振动体系。之所以说是最简单,是因为系统只有两个元件;之所以说是最理想,是因为系统从结构上将弹性元件与惯性元件分开,利用胡克定律和牛顿第二定律(惯性定律)做到了力学上的有机结合;之所以说最基本,是因为其他各种类型的振动体系,如质弹阻体系、文克尔体系、半空间体系等,都是 $m$—$K$ 体系加上不同约束条件(如阻尼、面积等)的派生体系。

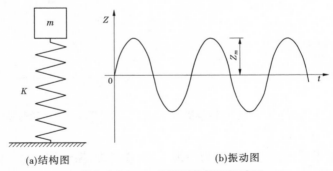

(a)结构图                    (b)振动图

**图 2.1.3　$m$—$K$ 模型结构及振动图**

$m$—$K$ 模型的动态描述,可表达为振动方程,见式(2.1.1)、式(2.1.2)。

$$m\ddot{Z} + KZ = 0 \qquad (2.1.1)$$

$$K = \omega^2 m \qquad (2.1.2)$$

其中
$$Z = Z_m \sin(\omega t + \varphi) \tag{2.1.3}$$

$$\ddot{Z} = \frac{\mathrm{d}^2 Z}{\mathrm{d}t^2} = -\omega^2 Z \tag{2.1.4}$$

$$\omega = 2\pi f \tag{2.1.5}$$

式中　$f$、$\omega$——振动频率、圆频率；

　　$t$、$\varphi$——振动延续时间、初相角；

　　$Z$、$Z_m$、$\ddot{Z}$——振动位移函数、振幅、振动加速度函数；

　　$K$、$m$——弹簧刚度、振子质量。

根据对 $m$—$K$ 模型振动方程的分析,可知其动态特征如下：

(1)振动方程为二阶、齐次、常系数、线性微分方程,一阶项为零；

(2)系统的 $K$、$m$ 为常数,由于 $\omega = \sqrt{\dfrac{K}{m}}$ ,故 $\omega$ 也为常数；

(3)$K$、$m$、$\omega$ 只取决于系统本身的性质(弹性与惯性),与系统的初始条件(初位移、初相角)无关,因此 $K$、$m$ 为系统的固有参数,$\omega$ 称为系统的固有圆频率,$f$ 称为固有频率；

(4)由于系统的阻尼 $C = 0$,振动一经激起,振幅、频率不变,即等振幅、等周期振动,永不停息。

由此可见,$m$—$K$ 模型的动态效应是一种纯理论的设想,在客观事物中找不到与之完全相符的例证。但它却揭示了振动体系中,弹性力与惯性力在一定条件下互为因果、互相转化、稳定平恒的动态规律。

## 2.1.2　$m$—$K$—$C$ 模型($m_0 = 0$)

在 $m$—$K$ 模型的基础上,如考虑系统线性阻尼的影响,就成了 $m$—$K$—$C$ 模型。$m$—$K$—$C$ 模型结构及振动图如图 2.1.4 所示,振动方程见式(2.1.6)、式(2.1.7)。

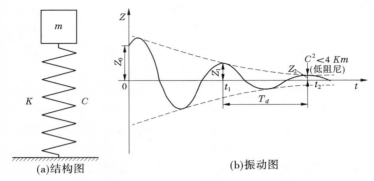

(a)结构图       (b)振动图

图 2.1.4   $m$—$K$—$C$ 模型结构及振动图

$$m\ddot{Z} + C\dot{Z} + KZ = 0 \qquad (2.1.6)$$

$$K = \omega^2 m \qquad (2.1.7)$$

其中 $$C = 2D\sqrt{Km} \qquad (2.1.8)$$

$$Z = Z_m \mathrm{e}^{-D\omega t}\sin(\omega_d + \varphi) \qquad (2.1.9)$$

$$\omega_d = \sqrt{1 - D^2}\,\omega \qquad (2.1.10)$$

$$f_d = \sqrt{1 - D^2}\,f \qquad (2.1.11)$$

$$\delta_{1-n} = \frac{1}{n-1}\ln\frac{Z_1}{Z_n} = 2\pi D\sqrt{1 - D^2} \qquad (2.1.12)$$

$C$、$D$、$\delta$ 分别为阻尼系数、阻尼比、对数衰减率,$Z_m$、$\varphi$、$\omega_d$ 分别为初振幅、初相角、阻尼振动圆频率。

#### 2.1.2.1   $m$—$K$—$C$ 模型的动态特征

(1)振动方程左边有三项,分别为二阶、一阶和零阶微分项,右边为零。振动方程为二阶、常系数、齐次、线性微分方程,一阶项为阻尼项。

(2)只有低阻尼即 $D < 1$ 或 $C < 2\sqrt{Km}$ 时才发生振动。

(3)振幅 $Z_c$ 按指数规律衰减,$Z_c = Z_m \mathrm{e}^{-D\omega t}$。

(4)初振幅 $Z_m$ 的大小取决于初始条件:若振动由初位移 $Z_0$ 引

起,则 $Z_m = Z_0$;若振动由初速度 $V_0$ 引起,则 $Z_m = \dfrac{V_0}{\omega}$,$\omega = \sqrt{\dfrac{K}{m}}$。

（5）阻尼振动频率恒小于无阻尼振动频率,$\omega_d = \omega$。

### 2.1.2.2 阻尼对振幅和频率的影响

1. 阻尼对振幅的影响

已知阻尼振动的振幅 $Z_c$ 按指数规律衰减,见式（2.1.13）：

$$Z_c = Z_m \mathrm{e}^{-D\omega t} \qquad (2.1.13)$$

如果已知 $D$、$\omega$,则可利用该式计算某时刻 $t$ 的衰减振幅 $Z_c$ 或衰减振幅比 $\dfrac{Z_c}{Z_m}$。据《动力地基与基础》（王杰贤,科学出版社,2001 年）,机器基础竖向振动阻尼比 $D$ 一般为 $0.1 \sim 0.3$,若以 $D = 0.3$,$t = 3\dfrac{1}{f}$（3 个周期）代入式（2.1.13）,经过 3 个周期后的振幅约为初始振幅的 $0.35\%$。图 2.1.5 为堆石体实测振动图。

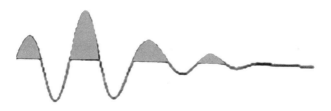

**图 2.1.5　堆石体实测振动图**

堆石体介质的测振记录亦证明,$3 \sim 4$ 个周期（约 50 ms）以后信号就非常微弱了。由此可见,阻尼对振幅衰减的影响是非常显著的。

2. 阻尼对频率的影响

文献[60]提出机器基础竖向振动阻尼比一般为 $0.1 \sim 0.3$,文献[11]提出天然地基的竖向阻尼比为 $0.15$。将阻尼比 $D = 0.1 \sim 0.3$ 代入式（2.1.10）,可得 $\omega_d = (0.954 \sim 0.995)\omega$。

由此可见,由于阻尼的存在会使频率有所减小,但减小的量值却非常小。

### 2.1.2.3 阻尼比的测试和计算

如果已知测点的实测振动衰减曲线,如图 2.1.2 所示,便可将振幅的衰减值代入式(2.1.12),计算其阻尼比 $D$,举例如下。

**例 1** 根据 2006 年四川田湾河仁宗海堆石坝碾压层 $A_{24}$ 号点的实测振动曲线计算其阻尼比和频率比。测点的基本参数如下:

碾压层:厚度 1 m,堆石料最大粒径约 0.8 m,干密度 2.17 $t/m^3$,含水率 3.2%;

盖板半径:$r = 0.25$ m;

附加质量体 $\Delta m(kg)$:$1 \times 93, 2 \times 93, 3 \times 93, 4 \times 93, 5 \times 93$;

实测振动频率 $f_d(Hz)$:66.28,62.75,59.38,56.53,55.33;

弹性参数:$K = 119.6 \times 10^6$ N/m,$m_0 = 587$ kg。

将式(2.1.12)变换为式(2.1.14),并取每条振动曲线第 1、2 个峰点振幅 $Z_1$、$Z_2$ 代入,计算结果见表 2.1.1。

**表 2.1.1 仁宗海堆石坝 $A_{24}$ 号点 $D$、$\dfrac{f_d}{f}$ 计算表**

| $\Delta m$ (kg) | $Z_1$ | $Z_2$ | $\dfrac{Z_1}{Z_2}$ | $\delta_{1-2}$ | $\dfrac{\delta_{1-2}}{2\pi}$ | $D$ | $\dfrac{f_d}{f}$ |
|---|---|---|---|---|---|---|---|
| $1 \times 93$ | 0.81 | 0.37 | 2.189 | 0.783 | 0.124 6 | 0.125 6 | 0.992 0 |
| $2 \times 93$ | 0.81 | 0.38 | 2.132 | 0.757 | 0.119 5 | 0.121 5 | 0.992 3 |
| $3 \times 93$ | 0.81 | 0.39 | 2.077 | 0.731 | 0.116 3 | 0.117 0 | 0.993 9 |
| $4 \times 93$ | 0.81 | 0.41 | 1.976 | 0.681 | 0.108 4 | 0.109 2 | 0.994 0 |
| $5 \times 93$ | 0.81 | 0.42 | 1.929 | 0.657 | 0.104 9 | 0.105 3 | 0.994 4 |

**注:** 本表数据引自实际工程密度试验报告,$f_d$ 为阻尼振动频率,$f$ 为无阻尼振动频率。

$$D\sqrt{1-D^2} = \frac{\delta_{1-2}}{2\pi} \qquad (2.1.14)$$

$$\delta_{1-2} = \ln\frac{Z_1}{Z_2}$$

由式(2.1.11)得式(2.1.15):

$$\frac{f_d}{f} = \sqrt{1-D^2} \qquad (2.1.15)$$

**例2** 根据 2009 年 1 月糯扎渡堆石坝碾压层 $B_{1-9}$ 号点的实测振动曲线计算其阻尼比和频率比。测点的基本参数如下:

碾压层:厚度 1 m,堆石料最大粒径 0.8 m 左右,干密度 2.13 t/m³,含水率 1%;

盖板半径:$r = 0.25$ m;

附加质量体 $\Delta m$(kg):$1 \times 80, 2 \times 80, 3 \times 80, 4 \times 80, 5 \times 80$;

实测振动频率 $f_d$(Hz):71.66、64.60、61.91、58.88、56.86。

弹性参数:$K = 137.6 \times 10^6$ N/m,$m_0 = 678$ kg。

根据振动曲线的 $Z_1$、$Z_2$ 值及式(2.1.13)、式(2.1.14)、式(2.1.15),计算阻尼比 $D$ 及频率比 $\frac{f_d}{f}$,见表 2.1.2。

从以上例子可以看出:

(1)阻尼对振幅的减小作用非常显著,一个周期即可将原振幅衰减 50% ~ 70%;

(2)阻尼对频率的影响很小,大约降低 1%;

(3)阻尼比与介质有明显关系,仁宗海堆石体阻尼比 $D$ 为 0.105 ~ 0.126,糯扎渡堆石体阻尼比 $D$ 为 0.173 ~ 0.205;

(4)阻尼比随附加质量增大而降低,如图 2.1.6、图 2.1.7 所示。

表 2.1.2　糯扎渡堆石坝 $B_{1-9}$ 号点 $D$ 、$\dfrac{f_d}{f}$ 计算表

| $\Delta m$ (kg) | $Z_1$ | $Z_2$ | $\dfrac{Z_1}{Z_2}$ | $\delta_{1-2}$ | $\dfrac{\delta_{1-2}}{2\pi}$ | $D$ | $\dfrac{f_d}{f}$ |
|---|---|---|---|---|---|---|---|
| $1 \times 80$ | 0.760 | 0.228 | 3.333 | 1.204 | 0.193 7 | 0.198 | 0.980 2 |
| $2 \times 80$ | 0.760 | 0.230 | 3.304 | 1.195 | 0.190 2 | 0.194 | 0.981 0 |
| $3 \times 80$ | 0.780 | 0.220 | 3.545 | 1.266 | 0.201 5 | 0.205 | 0.979 0 |
| $4 \times 80$ | 0.795 | 0.260 | 3.058 | 1.118 | 0.177 9 | 0.181 | 0.983 5 |
| $5 \times 80$ | 0.745 | 0.255 | 2.922 | 1.072 | 0.170 6 | 0.173 | 0.984 9 |

注:本表数据引自实际工程密度试验报告,$f_d$ 为阻尼振动频率,$f$ 为无阻尼振动频率。

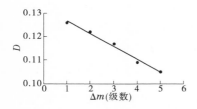

图 2.1.6　仁宗海堆石坝 $A_{24}$ 号点　　图 2.1.7　糯扎渡堆石坝 $B_{1-9}$ 号点

$D$—$\Delta m$ 曲线　　　　　　　　　　$D$—$\Delta m$ 曲线

## 2.1.3　$(\Delta m + m_0)$—$K$ 模型($C=0$)

对于无阻尼振动,如果考虑弹簧质量对振动的影响,即为 $(\Delta m + m_0)$—$K$ 模型,如图 2.1.8 所示。

这类模型除参振质量 $m = \Delta m + m_0$ 外,其振动特性与 $m$—$K$ 模型毫无区别。其振动方程见式(2.1.16)。式中,$m_0$ 为有质量弹簧化为无质量弹簧的有效参振质量。如果弹簧的质量为 $m'$,则 $m_0$ 与 $m'$ 的关系见式(2.1.17),式中 $\alpha$ 为有效质量系数。

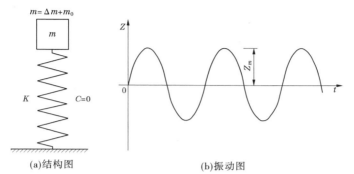

(a)结构图　　　　　　　　(b)振动图

图 2.1.8　（$\Delta m + m_0$）—$K$ 模型结构及振动图

$$( \Delta m + m_0 ) \ddot{Z} + KZ = 0 \qquad (2.1.16)$$

$$K = \omega^2 ( \Delta m + m_0 )$$

$$Z = Z_m \sin ( \omega t + \varphi )$$

$$\ddot{Z} = \frac{\mathrm{d}^2 Z}{\mathrm{d} t^2} = - \omega^2 Z$$

$$\omega = \sqrt{\frac{K}{\Delta m + m_0}}$$

$$m_0 = \alpha m' \qquad (2.1.17)$$

$$\alpha = \frac{m_0}{m'}$$

## 2.1.4　（$\Delta m + m_0$）—$K$—$C$ 模型

如果系统的弹簧质量、阻尼都不等于零，则该振动便是（$\Delta m + m_0$）—$K$—$C$模型，其振动特征与 $m$—$K$—$C$ 模型相仿，只是 $m$ 变成了 $m = \Delta m + m_0$，如图 2.1.9 所示，其振动方程见式(2.1.18)：

$$( \Delta m + m_0 ) \ddot{Z} + C \dot{Z} + KZ = 0 \qquad (2.1.18)$$

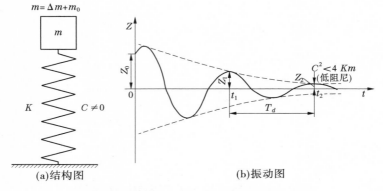

(a)结构图　　　　　　　　(b)振动图

**图 2.1.9　（$\Delta m + m_0$）—$K$—$C$ 模型结构及振动图**

$$K = \omega^2 (\Delta m + m_0)$$

$$Z = Z_m e^{-D\omega t} \sin(\omega t + \varphi)$$

$$\omega_d = \sqrt{1 - D^2}\, \omega$$

$$f_d = \sqrt{1 - D^2}\, f$$

$$C = 2D \sqrt{K(\Delta m + m_0)}$$

$$\delta_{1-n} = \frac{1}{n-1} \ln \frac{Z_1}{Z_n} = 2\pi D \sqrt{1 - D^2}$$

# 2.2　二维模型

如果把盖板大小和形状因素考虑到模型中去便为二维模型，如文克尔模型和双参数模型等。

## 2.2.1　文克尔模型

文克尔模型是 1867 年捷克工程师文克尔（Winkler）提出的一种地基模型。这种模型把地基土视为由许多独立的小土柱组成的弹簧系统,基底某一点的反力 $P$ 只与该点的沉降变形 $S$ 成正比,见式(2.2.1),而与基底以外的其他点无关。也就是说,基底受竖向力作用后其变形只发生在基底部分,对基底边沿以外的其他点没有任何影响,如图 2.2.1(a)、(b)所示。

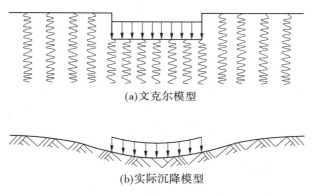

(a)文克尔模型

(b)实际沉降模型

图 2.2.1　文克尔模型与实际沉降模型

$$p = kS \qquad (2.2.1)$$

式中　$p$ ——单位面积的地基反力;

　　　$k$ ——单位面积的地基刚度(或称反力系数);

　　　$S$ ——地面沉降量。

文克尔模型假定地基应力没有扩散效应,与实际情况不符,但对于以下情况也有足够的近似:①高压缩性软土地基,薄的碎石土层(厚为 1/4～1/2 的地基宽度)或不均匀土层;②抗剪强度很低的半液态土层或基底以下塑性区较大的土层;③一般浅基础。另外,对于动荷载作用下的土与结构相互作用问题,文克尔模型也能够给出方便的解答(黄义、何芳社,《弹性地基上的梁、板、壳》,科学出版社,2005 年;钱家欢、殷宗泽,《土工原理与计算》,中国水利水电出版社,2006 年)。

文克尔模型把一维振动的质弹阻模型扩展到了与基底面积有关的二维振动。即地基刚度 $K$ 不仅与基底介质的弹性有关,还与基底面积 $A$ 有关,见式(2.2.2)。

$$K = \frac{P}{S} = \frac{Ap}{S} = Ak \qquad (2.2.2)$$

## 2.2.2 双参数模型

文克尔模型结构简单、计算方便,但不考虑力传递的扩散作用,在理论和实际上存在着严重缺陷。为弥补文克尔模型的不足,文献[13]介绍了几种双参数模型,如费氏模型、巴氏模型和符拉索夫模型;笔者又研究了一种基底竖向应力与基底周边剪应力同时考虑的双参数模型即 $N$—$T$ 模型,一并列后。

### 2.2.2.1 费氏模型

费氏模型的特点是用承受常值拉力 $T$ 的薄膜将一系列文克尔模型地基中的弹簧相连接(图2.2.2),考虑薄膜力与弹簧体系的平衡,在二维情况下铅垂载荷 $P$ 与地基位移的关系为

$$P(x,y) = kw(x,y) - T\nabla^2 w(x,y) \qquad (2.2.3)$$

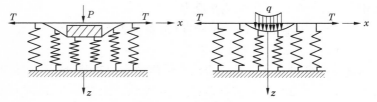

图2.2.2 费氏模型

其中,$\nabla^2$ 为拉普拉斯(Laplace)微分算子,$\nabla^2 = \dfrac{\partial^2}{\partial x^2} + \dfrac{\partial^2}{\partial y^2}$;$k$、$T$ 为表征地基模型的两个弹性常数;$w(x,y)$ 为竖向位移函数。

这一模型给出的理论较文克尔模型更为完善,同时也没有按弹性半空间理论计算所遇到的数学上的困难。

#### 2.2.2.2　巴氏模型

巴氏模型是假设在文克尔模型中各弹簧单元之间存在着剪切作用。这种剪切作用是通过一层只能产生横向剪切变形而不可压缩的剪切层相联结来实现的(图2.2.3)。若剪切层在 $x$ 、$y$ 平面内为各向同性,其剪切模量为 $G_x = G_y = G_p$ ,则外载荷与位移之间的关系为

$$q(x,y) = kw(x,y) - G_p \nabla^2 w(x,y) \qquad (2.2.4)$$

如果将式(2.2.4)中的 $G_p$ 用 $T$ 代表,则该式与式(2.2.3)完全相同,因此这一模型的表面挠度曲线与费氏模型的非常相似。

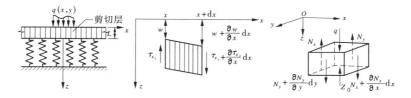

图 2.2.3　巴氏模型

#### 2.2.2.3　符拉索夫模型

符拉索夫模型是通过引进一些能简化各向同性线弹性连续介质基本方程的位移约束而得出的。在这一模型中,假设在 $x-z$ 平面内厚度为 $H$ 的弹性层为平面应变状态(图2.2.4),位移分量为

$$u(x,z) = 0, \; \omega(x,z) = w(x)h(z) \qquad (2.2.5)$$

其中,$w(x)$ 是地基表面位移;$h(z)$ 是描述 $z$ 方向位移变化的函数,它可以呈线性或指数变化,如:

$$h(z) = 1 - \frac{z}{H} \qquad (2.2.6)$$

或

$$h(z) = \frac{\mathrm{sh}\left[\dfrac{\gamma(H-z)}{L}\right]}{\mathrm{sh}\left(\dfrac{\gamma H}{L}\right)} \qquad (2.2.7)$$

其中，$\gamma$ 为与地基有关的常数；$L$ 为结构的某一特征尺寸。

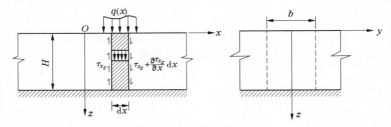

图 2.2.4　符拉索夫模型

利用变分法分析，可证明外载荷 $q(x)$ 与位移 $w(x)$ 之间的关系为

$$q(x) = kw(x) - 2t\frac{\mathrm{d}^2 w(x)}{\mathrm{d}x^2} \qquad (2.2.8)$$

其中，$t$ 称为荷载传递率，它是作用力对相邻单元可传性的一种度量。

$$k = \frac{E_0}{1-\mu_0^2}\int_0^H \left(\frac{\mathrm{d}h}{\mathrm{d}z}\right)^2 \mathrm{d}z, \quad 2t = \frac{E_0}{2(1+\mu_0)}\int_0^H h^2 \mathrm{d}z \quad (2.2.9)$$

并且有

$$E_0 = \frac{E_s}{1-\mu_s}, \quad \mu_0 = \frac{\mu_s}{1-\mu_s} \qquad (2.2.10)$$

将式(2.2.9)与式(2.2.3)、式(2.2.4)比较后可以看出，剪切模量 $G_p$、荷载传递率 $t$、薄膜张力 $T$ 以及弹簧常数 $k$ 都与土层的弹性常数 $E_s$ 和 $\mu_s$ 有关。这也是对地基反力系数的一种物理解释。

由式(2.2.3)与式(2.2.4)和式(2.2.9)可以看到,当$T$、$G_p$和$2t$趋于零时,则各式均可化为式(2.2.1),由此可见,文克尔模型是一种特殊情况。

#### 2.2.2.4 N—T 模型

$N$—$T$模型设基底反力由法向反力$N$和基底边沿的竖向剪切反力$T$所组成,如图2.2.5所示,作用于基底介质的竖向力$P$与反力$N$、$T$的平衡关系见式(2.2.11)。

$$P = N + T \tag{2.2.11}$$

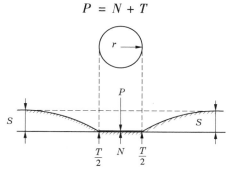

图2.2.5  N—T 模型简图

如地基受$P$作用后的总沉降为$S$,则地基刚度$K$由基底竖向刚度$K_N$和边沿剪切刚度$K_T$组成。

$$K = \frac{P}{S} = \frac{N}{S} + \frac{T}{S}$$

$$K = K_N + K_T \tag{2.2.12}$$

$$P = SK_N + SK_T \tag{2.2.13}$$

设基底竖向单位面积的刚度(刚度系数)为$k_N$,基底边界处单位边长$L_T$,竖向剪切刚度(剪切刚度系数)为$k_T$,则得式(2.2.14)。

$$\begin{cases} K_N = A_N k_N = \pi r^2 k_N \\ K_T = L_T k_T = 2\pi r k_T \end{cases} \tag{2.2.14}$$

将式(2.2.14)代入式(2.2.13)、式(2.2.12)得式(2.2.15)、式(2.2.16)。

$$P = \pi r^2 k_N S + 2\pi r k_T S \qquad (2.2.15)$$

$$K = \pi r^2 k_N + 2\pi r k_T \qquad (2.2.16)$$

求解 $k_N$、$k_T$：在同一测点处采用两种不同大小的盖板 $r_1$、$r_2$，可测得相应的两个刚度 $K_1$、$K_2$，分别代入式(2.2.16)，可得到一个方程组，解此方程组即可得到 $k_N$、$k_T$ 的解，见式(2.2.17)。

$$\begin{cases} K_1 = \pi r_1^2 k_N + 2\pi r_1 k_T \\ K_2 = \pi r_2^2 k_N + 2\pi r_2 k_T \end{cases}$$

$$\begin{cases} k_N = \dfrac{r_2 K_1 - r_1 K_2}{\pi r_1 r_2 (r_1 - r_2)} \\ k_T = \dfrac{r_1^2 K_2 - r_2^2 K_1}{2\pi r_1 r_2 (r_1 - r_2)} \end{cases} \qquad (2.2.17)$$

式中，$K_1$、$K_2$ 可采用附加质量法测试，测试方法见第 3 章，$K_1$、$K_2$ 可表示为式(2.2.18)。

$$\begin{cases} K_1 = \omega_1^2 m_1 \\ K_2 = \omega_2^2 m_2 \end{cases} \qquad (2.2.18)$$

如果 $k_T = 0$，式(2.2.15)将变为式(2.2.1)，由此可见，文克尔模型是双参数模型的一种特殊情况。这一点与前面的结论是相同的。

# 2.3 三维模型

## 2.3.1 弹性半空间模型

弹性半空间模型是由基础和一个半无限地基介质(土、石等)组成的，将基础放在地基表面组成了一个振动体系。基础假定是一个刚体;地基假定是均质的、连续的、各向同性的、线性变形的弹性体。当体系处于振动状态时,基底以下的半空间表面上,同时作用有静力和动力。在小变形条件下,动、静问题可以分解为两个问题叠加考虑,这就是弹性力学中的动接触和静接触问题,其理论上的求解是非常复杂的。《动力基础半空间理论概论》(严人觉、王贻荪、韩清宇,中国建筑工业出版社,1981 年)采用弹性半空间振动方程与质弹阻模型的振动方程对等法,将两种模型从形式(方程的结构形式)到本质(运动规律)有机地联系起来,提出了"弹性半空间振动体系的质弹阻模型",如图 2.3.1 及式(2.3.1)所示,这种处理方法称为方程对等法。

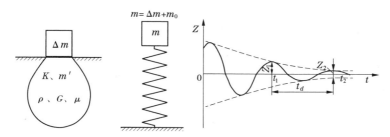

**图 2.3.1　弹性半空间模型简图**

半空间方程:

$$(\Delta m + m_0)\ddot{Z} + 2D\sqrt{K(\Delta m + m_0)}\dot{Z} + \left(\frac{4r_0}{1-\mu}G\right)Z = 0$$

$$(2.3.1)$$

质弹阻方程:
$$m\ddot{Z} + C\dot{Z} + KZ = 0 \qquad (2.3.2)$$

令以上两方程各项对应相等(方程对等):

$$m = \Delta m + m_0 \qquad (2.3.3)$$

$$C = 2D\sqrt{Km} = 2D\sqrt{K(\Delta m + m_0)} \qquad (2.3.4)$$

$$K = \frac{4r_0}{1-\mu}G = \frac{4r_0}{1-\mu}V_s^2\rho \qquad (2.3.5)$$

方程对等法揭示了一种力学关系,即只要将系统的惯性项(第一项)振动质量中加入基底介质的有效质量 $m_0$,$m = \Delta m + m_0$,则弹性项(第三项)的刚度 $K$ 恰好等于静力条件下用弹性理论求得的地基刚度,这样就从理论上找到了质弹阻体系中的弹簧刚度 $K$ 与介质密度 $\rho$ 的解析关系,见式(2.3.6)。

$$K = \omega^2 m = \frac{4r_0}{1 - \mu} V_s^2 \rho \qquad (2.3.6)$$

$$\omega = \frac{\omega_d}{\sqrt{1 - D^2}}$$

## 2.3.2 等效动能模型

假定振动体系的基底以下介质有效参振质量 $m_0$ 振动动能 $T$ 等于其薄片质量 $dm$ 振动动能的积分,借此推导振动体系的动参数与介质密度 $\rho$ 的关系,从而为密度的反演提供依据。图 2.3.2 为等效动能模型简图。

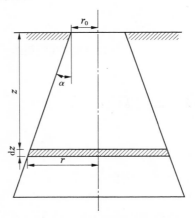

图 2.3.2 等效动能模型简图

设薄片动能为 $dT_b$,其推导过程如下:

已知
$$T_b = \frac{1}{2}m_0 V_0^2 \qquad (2.3.7)$$

$$\mathrm{d}T_b = \frac{1}{2}\mathrm{d}m_z V_z^2 \qquad (2.3.8)$$

则
$$T_b = \int_0^\infty \mathrm{d}T_b = \frac{1}{2}\int_0^\infty \mathrm{d}m_z V_z^2 \qquad (2.3.9)$$

其中, $m_0$ 、 $V_0$ 、 $\mathrm{d}m_z$ 、 $V$ 可由下式表达:

$$m_0 = \frac{K}{\omega_0^2}$$

$V_0 = z_0 \omega_0$ ( $V_0$ 为质点 $m_0$ 振动速度幅值)

$\mathrm{d}m_z = \pi r^2 \mathrm{d}z \cdot \rho$ ( $\mathrm{d}m_z$ 为任意深度 $z$ 处薄片质量, $\rho$ 为密度)

考虑振动扩散角 $\alpha$ 的影响, $r = r_0 + z\tan\alpha$ ( $r_0$ 为基底半径),
则

$$\mathrm{d}m_z = \pi(r_0 + z\tan\alpha)^2 \mathrm{d}z \cdot \rho \qquad (2.3.10)$$

$V_z = z_z \omega_z$ ( $V_z$ 为深度 $z$ 处薄片振动的速度幅值)

据《土动力学》(吴世明等, 中国建筑工业出版社, 2000 年),
$z_z = z_0 \mathrm{e}^{-\frac{\beta z}{\lambda}}$ , 其中 $z_0$ 为地面处( $z = 0$ )的振幅, $\beta$ 为振动竖向传播的衰减系数, $\lambda$ 为波长; 由于本书研究的深度不大, 一般为 1 m 左右, 故 $\omega_z$ 可用 $z = 0$ 处的频率代替, 即 $\omega_z \approx \omega_0$ , 将上述关系代入 $V_z = z_z \omega_z$ 得式(2.3.11)。

$$V_z = z_0 \omega_0 \mathrm{e}^{-\frac{\beta z}{\lambda}} \qquad (2.3.11)$$

将式(2.3.10)、式(2.3.11)代入式(2.3.9), 得

$$T_b = \frac{1}{2}\int_0^\infty \mathrm{d}m_z V_z^2$$

$$= \frac{1}{2}\int_0^\infty \pi(r_0 + z\tan\alpha)^2 \cdot \rho(z_0 \omega_0 \mathrm{e}^{-\frac{\beta z}{\lambda}})^2 \mathrm{d}z$$

$$= \frac{1}{2}(z_0 \omega_0)^2 \cdot \rho \int_0^\infty \pi(r_0^2 + 2r_0 z\tan\alpha + z^2 \tan^2\alpha) \cdot \mathrm{e}^{-\frac{2\beta z}{\lambda}} \cdot \mathrm{d}z$$

$$= \frac{\pi}{2}(z_0\omega_0)^2 \cdot \rho \int_0^\infty \left[ (r_0^2 \cdot e^{-\frac{2\beta z}{\lambda}} \cdot dz) + (2r_0 z\tan\alpha \cdot e^{-\frac{2\beta z}{\lambda}} \cdot dz) + \right.$$

$$\left. (z^2\tan^2\alpha \cdot e^{-\frac{2\beta z}{\lambda}} \cdot dz) \right] \qquad (2.3.12)$$

式中含有 3 个积分子式,现对 3 个积分子式做积分:

(1)计算 $\int_0^\infty r_0^2 \cdot e^{\frac{-2\beta z}{\lambda}} \cdot dz$:

$$\int_0^\infty r_0^2 \cdot e^{\frac{-2\beta z}{\lambda}} \cdot dz = r_0^2(-\frac{\lambda}{2\beta})\left[ e^{\frac{-2\beta z}{\lambda}} \right]_0^\infty = r_0^2(-\frac{\lambda}{2\beta})(0-1)$$

$$= r_0^2 \frac{\lambda}{2\beta}$$

(2)计算 $\int_0^\infty 2r_0 z\tan\alpha \cdot e^{\frac{-2\beta z}{\lambda}} \cdot dz$:

$$\int_0^\infty 2r_0 z\tan\alpha \cdot e^{\frac{-2\beta z}{\lambda}} \cdot dz = 2r_0\tan\alpha \int_0^\infty z \cdot e^{\frac{-2\beta z}{\lambda}} \cdot dz$$

$$= 2r_0\tan\alpha \left[ \frac{e^{\frac{-2\beta z}{\lambda}}}{(-\frac{2\beta}{\lambda})^2}(-\frac{2\beta z}{\lambda}-1) \right]_0^\infty$$

$$= 2r_0\tan\alpha \cdot (\frac{\lambda}{2\beta})^2 \left[ -\frac{2\beta z}{\lambda} \cdot e^{\frac{-2\beta z}{\lambda}} - e^{\frac{-2\beta z}{\lambda}} \right]_0^\infty$$

$$= 2r_0\tan\alpha \cdot (\frac{\lambda}{2\beta})^2 \left\{ \left[ -\frac{2\beta z}{\lambda} \cdot e^{\frac{-2\beta z}{\lambda}} \right]_0^\infty - \left[ e^{\frac{-2\beta z}{\lambda}} \right]_0^\infty \right\}$$

( $\left[ -\frac{2\beta z}{\lambda} \cdot e^{\frac{-2\beta z}{\lambda}} \right]_0^\infty$ 为未定式,用洛必达法则求解)

$$= 2r_0\tan\alpha \cdot (\frac{\lambda}{2\beta})^2 \left\{ -\frac{2\beta}{\lambda} \cdot \frac{\lambda}{2\beta} \cdot \left[ e^{\frac{-2\beta z}{\lambda}} \right]_0^\infty - \left[ e^{\frac{-2\beta z}{\lambda}} \right]_0^\infty \right\}$$

$$= 2r_0\tan\alpha \cdot (\frac{\lambda}{2\beta})^2 \left[ -(0-1) - (0-1) \right]$$

$$= 2r_0\tan\alpha \cdot (\frac{\lambda}{2\beta})^2(1+1)$$

$$= 2r_0\tan\alpha \cdot \frac{1}{4}(\frac{\lambda}{\beta})^2 \cdot 2$$

$$= r_0 \tan\alpha \cdot (\frac{\lambda}{\beta})^2$$

（3）计算 $\int_0^\infty z^2 \tan^2\alpha \cdot e^{\frac{-2\beta z}{\lambda}} \cdot dz$ ：

$$\int_0^\infty z^2 \tan^2\alpha \cdot e^{\frac{-2\beta z}{\lambda}} \cdot dz = \tan^2\alpha \int_0^\infty z^2 \cdot e^{\frac{-2\beta z}{\lambda}} \cdot dz$$

$$= \tan^2\alpha \left\{ \left[ z^2 \cdot e^{\frac{-2\beta z}{\lambda}} \cdot (-\frac{1}{2\beta}) \right]_0^\infty - 2 \cdot (-\frac{1}{2\beta}) \int_0^\infty z \cdot e^{\frac{-2\beta z}{\lambda}} \cdot dz \right\}$$

$$= \tan^2\alpha \left\{ \left[ z^2 \cdot e^{\frac{-2\beta z}{\lambda}} \cdot (-\frac{1}{2\beta}) \right]_0^\infty + \frac{\lambda}{\beta} \int_0^\infty z \cdot e^{\frac{-2\beta z}{\lambda}} \cdot dz \right\}$$

$$= \tan^2\alpha \left\{ (-\frac{1}{2\beta}) \left[ z^2 \cdot e^{\frac{-2\beta z}{\lambda}} \right]_0^\infty + \frac{\lambda}{\beta} \int_0^\infty z \cdot e^{\frac{-2\beta z}{\lambda}} \cdot dz \right\}$$

（$\left[ z^2 \cdot e^{\frac{-2\beta z}{\lambda}} \right]_0^\infty$ 为未定式,用洛必达法则求解）

$$= \tan^2\alpha \left\{ (-\frac{\lambda}{2\beta}) \left[ 2 \cdot z \cdot \frac{\lambda}{2\beta} \cdot e^{\frac{-2\beta z}{\lambda}} \right]_0^\infty + \frac{\lambda}{\beta} \int_0^\infty z \cdot e^{\frac{-2\beta z}{\lambda}} \cdot dz \right\}$$

$$= \tan^2\alpha \left\{ (-\frac{\lambda}{2\beta} \cdot \frac{2\lambda}{2\beta}) \left[ z \cdot e^{\frac{-2\beta z}{\lambda}} \right]_0^\infty + \frac{\lambda}{\beta} \int_0^\infty z \cdot e^{\frac{-2\beta z}{\lambda}} \cdot dz \right\}$$

（再对 $\left[ z^2 \cdot e^{\frac{-2\beta z}{\lambda}} \right]_0^\infty$ 用洛必达法则求解）

$$= \tan^2\alpha \left\{ -\frac{\lambda}{2\beta} \cdot \frac{2\lambda}{2\beta} \cdot \frac{\lambda}{2\beta} \left[ z \cdot e^{\frac{-2\beta z}{\lambda}} \right]_0^\infty + \frac{\lambda}{\beta} 2 (\frac{\lambda}{2\beta})^2 \right\}$$

$$= \tan^2\alpha \left[ -\frac{\lambda}{\beta} \cdot (\frac{\lambda}{2\beta})^2 (0 - 1) + 2 \frac{\lambda}{\beta} (\frac{\lambda}{2\beta})^2 \right]$$

$$= \tan^2\alpha \left[ \frac{\lambda}{\beta} (\frac{\lambda}{2\beta})^2 + 2 \frac{\lambda}{\beta} (\frac{\lambda}{2\beta})^2 \right]$$

$$= \frac{3}{4} (\frac{\lambda}{\beta})^3 \tan^2\alpha$$

将 3 个子式的积分结果代入式（2.3.12）,得式（2.3.13）：

$$T_b = \frac{\pi}{2} (z_0 \omega_0)^2 \cdot \rho \left[ r_0^2 \frac{\lambda}{2\beta} + r_0 \tan\alpha \cdot (\frac{\lambda}{\beta})^2 + \frac{3}{4} (\frac{\lambda}{\beta})^3 \tan^2\alpha \right]$$

$$(2.3.13)$$

将 $V_0 = z_0\omega_0$ 代入式(2.3.7)得式(2.3.14):

$$T_b = \frac{1}{2}m_0(z_0\omega_0)^2 \qquad (2.3.14)$$

由式(2.3.13)和式(2.3.14)可得

$$m_0 = \left[\frac{1}{2}r_0^2\frac{\lambda}{\beta} + r_0\left(\frac{\lambda}{\beta}\right)^2\tan\alpha + \frac{3}{4}\left(\frac{\lambda}{\beta}\right)^3\tan^2\alpha\right]\pi\rho$$

$$(2.3.15)$$

式中,有 3 个未知参数 $\lambda$、$\beta$ 和 $\alpha$,为了简化计算,可将 $m_0$ 化为底面积为 $\pi r_0^2$、高 $h = \frac{1}{2}\frac{\lambda}{\beta}$ 的当量振动柱,如图 2.3.3 所示。

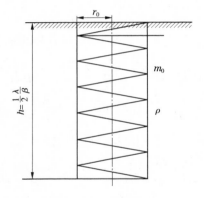

**图 2.3.3　当量振动柱**

因此,$m_0$ 的数学模型相当于将 $\alpha = 0$ 代入式(2.3.15)的结果,见式(2.3.16)。

$$m_0 = \frac{1}{2}\pi r_0^2\frac{\lambda}{\beta}\rho \qquad (2.3.16)$$

如果 $\lambda$、$\beta$ 已知,便可利用该式求解密度 $\rho$。

# 2.4 小 结

为了寻找堆石体密度与其弹性参数的关系,引入了一维、二维、三维模型。

(1)一维模型:模型结构由一个质点和一根弹簧组成,共两个元件,物理学称之为弹簧振子。由于振子沿一个方向做线弹性振动,不涉及面和体问题,因此为一维模型。根据在研究振子振动时考虑弹簧自身的质量和阻尼与否,又组成了 4 种模型。堆石体介质的实际振动曲线是振幅衰减曲线,如图 2.1.9 所示,即 $(\Delta m + m_0)$—$K$—$C$ 模型的振动效应。其振动方程为

$$K = \omega^2 m$$
$$m = \Delta m + m_0$$
$$\omega^2 = \frac{K}{\Delta m + m_0}$$
$$\omega^2 = \frac{\omega_d^2}{1 - D^2}$$

由于 $D$ 很小,对频率的影响很小(约 1%),故可以认为

$$\omega \approx \omega_d$$

(2)二维模型:模型结构与一维模型类同,只是地基刚度 $K$ 不仅与介质的性质有关,还与基底的大小和形状有关。根据是否考虑基底边界处的介质对刚度的影响,又分文克尔模型(不考虑周边介质的影响)及双参数模型两类,共 5 种模型。其中,文克尔模型的刚度见式(2.2.2),双参数模型中的 $N$—$T$ 模型(笔者提出)的刚度见式(2.2.16)。

当不考虑基底边沿介质的竖向剪切反力时,双参数模型便蜕变为文克尔模型。

(3)三维模型:模型结构与一维模型相仿,即将基础(附加质

量)作为刚体,将基底介质作为弹性体,即由刚体($m$)与弹性体($K$)组成一个振动体系,如图2.3.1所示。根据弹性半空间理论的基底与半空间介质的静力、动力接触问题的研究,可以推出介质的弹性模量、剪切模量、泊松比与介质密度的解析关系式。文献[18]利用方程对等法证明了"弹性半空间模型中的静刚度$K$与质弹阻模型中的动刚度$K_d$(为区别于$K$,加脚标$d$)只要加上地基介质的有效参振质量$m_0$,二者是相等的",即$K = K_d$。如果这个结论成立,即可将$K_d$、$V_S$、$\mu$代入式(2.3.5)即可求得密度$\rho$。

$$K = \frac{4r_0}{1 - \mu} V_S^2 \rho$$

$$K_d = \omega^2 (\Delta m + m_0)$$

$$K = K_d$$

# 第 3 章  参数测试

参数测试指的是对质弹模型的弹簧刚度 $K$ 和有效质量 $m_0$ 的测试,其工作程序如下:

$$\underset{(m—K)}{\text{堆石体(原型)}} \overset{(加)}{—} \underset{(\Delta m)}{\text{附加质量}} \overset{(测)}{—} \underset{[Z(t)]}{\text{振动信号}} \overset{(算)}{—} \underset{(\omega=2\pi f)}{\text{自振频率}} \overset{(反演)}{—} \underset{(K、m_0)}{\text{模型参数}}$$

## 3.1  基本原理

将堆石土表面覆盖一块一定大小的刚性盖板并加上一定的刚性质量体,便组成了一个"附加质量($\Delta m$)＋盖板＋堆石体"振动体系,如图 3.1.1 所示。如果将这一体系的动态效应模型化为"一维线弹性体系",则其振动微分方程和参数方程如下:

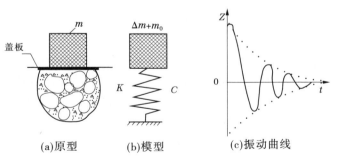

(a)原型    (b)模型    (c)振动曲线

**图 3.1.1  "附加质量($\Delta m$)＋盖板＋堆石体"振动体系**

$$m\ddot{Z} + C\dot{Z} + KZ = 0$$
$$K = \omega^2 m$$

$$m = \Delta m + m_0$$

$$\omega = \frac{\omega_d}{\sqrt{1 - D^2}} \approx \omega_d \quad （当 D 很小时）$$

将 $m = \Delta m + m_0$ 代入 $K = \omega^2 m$ 得式（3.1.1）。

$$K = \omega^2 (\Delta m + m_0) \tag{3.1.1}$$

式（3.1.1）中有 $K$、$m_0$、$\omega$、$\Delta m$ 四个参数,其中,$\Delta m$ 是人为设定的加于堆石土地基上的已知质量;$\omega$ 为体系的固有圆频率,$\omega = 2\pi f$($f$ 为体系的固有频率),通过测振可以得到;$K$、$m_0$ 为两个未知参数。我们知道在一个方程中有两个未知参数,是没有唯一解的。

为了求式（3.1.1）中的 $K$、$m_0$,至少要有两个含 $K$、$m_0$ 的独立方程,据此设想将体系中加上两级质量体 $\Delta m_1$ 及 $\Delta m_2$,即可得到两个含 $K$、$m_0$ 的独立方程,问题便得以解决,见式（3.1.2）、式（3.1.3）。

$$\begin{cases} K = \omega_1^2 (\Delta m_1 + m_0) \\ K = \omega_2^2 (\Delta m_2 + m_0) \end{cases}$$

$$K = \frac{\omega_1 \omega_2}{\omega_1 - \omega_2} (\Delta m_2 - \Delta m_1) \tag{3.1.2}$$

$$m_0 = \frac{\Delta m_2 \omega_2 - \Delta m_1 \omega_1}{\omega_1^2 - \omega_2^2} \tag{3.1.3}$$

为了减小频率测量的随机误差,采用多级附加质量法,即在振动体系上加一系列 $\Delta m$,即 $\Delta m_1$,$\Delta m_2$,$\cdots$,测量相应的频率 $\omega_1$,$\omega_2$,$\cdots$,作 $\omega^{-2}$—$\Delta m$ 曲线,曲线的反斜率即为 $K$,在 $\Delta m$ 轴上的截距为 $m_0$,$\Delta m = 0$ 时的频率 $\omega_0$ 即为堆石土 $m_0$ 的自振频率,如式（3.1.4）、式（3.1.5）及图 3.1.2 所示。

$$K = \frac{\Delta m}{\Delta \omega^{-2}} \tag{3.1.4}$$

$$m_0 = K \omega_0^{-2} \tag{3.1.5}$$

$$\Delta m = \Delta m_{i+1} - \Delta m_i$$

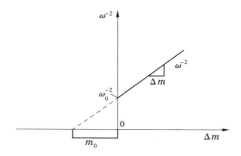

**图 3.1.2  多级附加质量法简图**

需要说明的是,以上各式中 $K$、$m_0$ 与 $\Delta m$ 之间的关系是建立在线弹性模型理论基础上的,对于非线性模型上述关系将不复存在,因此在求解 $K$、$m_0$ 时要严格控制 $\omega^{-2}$—$\Delta m$ 为线性拟合。

# 3.2  观测系统

观测系统即振动信号激发和接收装置的相对位置关系。观测系统一般由信号输入、体系、信号输出三部分组成,如图 3.2.1 所示。

系统中的激震由落锤击旁土(为避免锤与 $\Delta m$ 铁块撞击而产生的高频杂波的干扰,不直击体系上部的铁块而击旁土)来完成;振动体系由附加质量体 $\Delta m$ 及测点以下的堆石土组成;振动信号由检波器拾取,并由振动信号采集分析仪进行分析处理。输入信号为机械振动信号,即力信号 $F(t)$ 和位移信号 $Z(t)$;输出信号为拾震器传送的电信号 $Z(t)$,其中 $t$ 为时间。

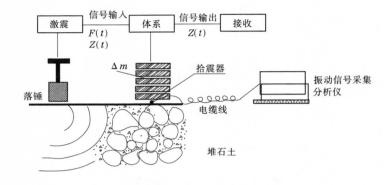

**图 3.2.1   观测系统**

# 3.3   主要设备

附加质量法的主要设备有振动信号采集分析仪、盖板、附加质量体、拾震器、激震锤等,主要技术要求如下。

## 3.3.1   振动信号采集分析仪

(1)有信号采集、分析功能;

(2)仪器道数不少于 2 道;

(3)模数转换(A/D)16 位;

(4)采集时间间隔 22.676~907.029 μs(采集频率 44.1~1.1 kHz)可选;

(5)采样点数 2 048 可调;

(6)有数字滤波功能、频谱分析功能;

(7)有 $\omega^{-2}$—$\Delta m$ 绘图功能及 $K$、$m_0$ 分析功能;

(8)有波速测试功能;

(9)信号采集的重复性、稳定性好;

（10）有较强的抗干扰能力；

（11）便于操作和携带。

目前仪器的最佳选择应该是 WYS 系列振动信号采集分析仪。

## 3.3.2　拾震器

宜选用 28 Hz、40 Hz、60 Hz、80 Hz 速度型检波器，视地基的固有频率选定。

## 3.3.3　盖板

（1）宜选用圆形钢板，钢板厚度不宜小于直径的 1/20，且不小于 20 mm。

（2）直径 $D$ 的选择应考虑检测层厚度 $h$ 及介质最大粒径 $d_m$ 两个因素，一般应满足下式，如介质最大粒径 $d_m \geqslant h/2$，可采用多点测试。

$$D = \frac{h}{\sqrt{\pi}} \sim \frac{h}{2}$$

## 3.3.4　$\Delta m$（附加质量体）的选配

### 3.3.4.1　$\Delta m$ 的材质

由于 $K$、$m_0$ 的测试是建立在线弹性模型基础上的，因此对模型中的质量元件 $m$ 要求只有惯性而无弹性，即要求 $\Delta m$ 无变形，其刚度为无穷大。理论上刚度为无穷大的材料实际上是找不到的，实际测试工作中，我们只有寻找一种刚度远远大于被测介质的材料。$\Delta m$ 的首选材料应该是建筑钢材。因为钢材不仅刚度较大，而且取材容易，价格便宜。下面分析钢材与堆石体的刚度关系。

文献[59]提供了各类地基土的弹性模量，见表 3.3.1；其中，有锐棱角的天然块石的动弹性模量为 300 ~ 800 MPa，钢材的弹性

模量为 $2 \times 10^5$ MPa。根据材料力学关于材料弹性模量 $E$ 与其刚度 $K$ 的定义,可以推出 $E$ 与 $K$ 的关系。设试件的平均受力面积为 $A$,试件的高度为 $h$,轴向力为 $P$,竖向应力为 $\sigma$,受力后的变形为 $S$,应变为 $\varepsilon$,则

$$K = \frac{P}{S} \ , \ \sigma = \frac{P}{A} \ , \ \varepsilon = \frac{S}{h}$$

$$E = \frac{\sigma}{\varepsilon} = \frac{h}{A} K \qquad (3.3.1)$$

式(3.3.1)表明,如试件尺寸($h$、$A$)相同,则不同材料的弹性模量之比等于其刚度比。

$$\frac{E_1}{E_2} = \frac{K_1}{K_2} \qquad (3.3.2)$$

表 3.3.1    各类地基土的弹性模量

| 土的类别 | 静弹性模量 $E_s$(MPa) | 动弹性模量 $E_d$(MPa) |
|---|---|---|
| 松散的圆形砂 | 40 ~ 80 | 150 ~ 300 |
| 松散的带棱角的砂 | 50 ~ 80 | 150 ~ 300 |
| 中密的圆形砂 | 80 ~ 160 | 200 ~ 500 |
| 中密的带棱角的砂 | 100 ~ 200 | 200 ~ 500 |
| 不含砂的砾石 | 100 ~ 200 | 300 ~ 800 |
| 有锐棱角的天然块石 | 150 ~ 300 | 300 ~ 800 |
| 坚硬的黏土 | 8 ~ 50 | 100 ~ 500 |
| 半硬塑的黏土 | 6 ~ 20 | 40 ~ 150 |
| 可塑的、难塑的黏土 | 3 ~ 6 | 30 ~ 80 |
| 硬塑的、含漂砾和泥灰石的粉质黏土 | 6 ~ 50 | 100 ~ 500 |
| 软塑的粉质黏土、黄土类粉质黏土 | 4 ~ 8 | 50 ~ 150 |
| 淤泥 | 3 ~ 8 | 30 ~ 100 |
| 软泥、含有机质的污泥质土 | 2 ~ 5 | 10 ~ 30 |

将钢材、块石的弹性模量值代入式(3.3.2):

$$\frac{E_1}{E_2} = \frac{E_{钢}}{E_{石}} = \frac{2 \times 10^5}{300 \sim 800} = 250 \sim 667$$

即钢材的刚度为块石刚度的 250 ~ 667 倍,钢材的刚度远远大于块石,故采用钢材作附加质量体 $\Delta m$ 是可行的,实践证明,$\omega^{-2}$—$\Delta m$ 曲线有较好的线性。

### 3.3.4.2 $\Delta m$ 的大小

$\Delta m$ 大小选择的基本原则是,在保证 $\omega^{-2}$—$\Delta m$ 曲线具备线性关系的前提下,$\Delta m$ 尽可能大一些。$\Delta m$ 越大,两级之间的频差就越大,频率的相对误差就越小,$K$、$m_0$ 的精度就越高。但是当 $\Delta m$ 超过一定量值之后,堆石体有可能产生非线性变形,叠加原理将不能应用,附加质量法的理论基础将不存在。从另一个角度而言,$\Delta m$ 太大,过于笨重,不利于现场作业,加大检测难度,影响检测速度,增加测试成本。因此,$\Delta m$ 的选择应当有一定范围。

1. $\Delta m$ 的最大值问题

土的应力($\sigma$)—应变($\varepsilon$)关系一般状态下是非线性的,如图 3.3.1 所示。但当应力增量 $\Delta\sigma$ 不大时,也可以将应力—应变关系作为线性对待。应变 $\varepsilon < 10^{-4}$ 时,土的力学性质为弹性;$10^{-4} < \varepsilon < 10^{-2}$ 时,土的力学性质为弹塑性;应变 $\varepsilon > 10^{-2}$ 时,则可以认为土的剪切模量 $G$、泊松比 $\mu$、阻尼比 $D$ 为常数。

根据 $\varepsilon$、$K$ 的定义,并注意 $P = \Delta mg$,地基附加应力影响深度 $h = 4r_0$,可以导出 $\Delta m$ 与 $r_0$、$K$、$\varepsilon$ 的关系,见式(3.3.3)。

$$\Delta m = \frac{4}{g} r_0 K \varepsilon \qquad (3.3.3)$$

当 $\varepsilon = 10^{-4}$(弹性应变的上限)时,$\Delta m$ 可按式(3.3.3)估算。

以糯扎渡堆石坝 2008 年 12 月 $B_{1-11}$ 号点的实测资料为例计算 $[\Delta m]$。该点 $r_0 = 0.25$ m,$K = 108.8 \times 10^6$ N/m。取 $\varepsilon = 10^{-4}$ 代入式(3.3.3)得:

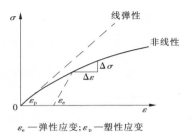

$\varepsilon_e$—弹性应变;$\varepsilon_p$—塑性应变

**图 3.3.1　土的应力—应变关系**

$$[\Delta m] = 0.407\,7 \times r_0 K \times 10^{-4}$$
$$= 0.407\,7 \times 0.25 \times 108.8 \times 10^6 \times 10^{-4}$$
$$= 1\,109\,(\mathrm{kg})$$

当 $\Delta m > [\Delta m]$ 时,堆石土的应力—应变关系有可能是非线性的。当土的应力增量 $\Delta\sigma$ 不大时(见图 3.3.1),一小段内土的应力—应变关系也可认为是线性的。因此,对于附加质量而言,只要 $\Delta m$ 不是太大,$\omega^{-2}$—$\Delta m$ 曲线都可以看成是线性的。由此可见,曲线的线性关系对 $\Delta m$ 变化的可容性还是比较大的。

2. $\Delta m$ 的最小值问题

根据 $\omega^{-2}$—$\Delta m$ 曲线的线性关系可以导出

$$\Delta m = \Delta\omega^{-2} K$$

$$\Delta\omega^{-2} = \frac{1}{\omega_i^2} - \frac{1}{\omega_{i+1}^2} = \frac{1}{2\pi^2}\frac{\Delta f}{f_i^2(f_i + 2\Delta f)} \quad (略去(\Delta f)^2\,项)$$

$$\Delta m = \frac{1}{2\pi^2}\frac{\Delta f}{f_i^2(f_i + 2\Delta f)}K \qquad (3.3.4)$$

式(3.3.4)表明 $\Delta m = f(f_i, \Delta f, K)$,根据对 $\Delta f$ 最小值的要求可以计算 $\Delta m$ 的最小值。不过,在测试之前 $f_i$、$K$ 是不知道的,只有按经验估计,频差 $\Delta f$ 可以根据仪器的频率分辨率 $\mathrm{d}f$ 以及要求的测试精度估计,一般要求 $\Delta f \geqslant 10\mathrm{d}f$。当然,$\Delta f$ 越大,测试的相对误差越小。在实际测试中,如果要求 $\Delta f$ 每级相同,则 $\Delta m$ 往往是不同的,如果 $\Delta m$ 相同,$\Delta f$ 就不同。为了操作方便,往往选取级差相同的 $\Delta m$。为了保证 $\omega^{-2}$ — $\Delta m$ 曲线的线性拟合精度,附加质量 $\Delta m$ 的级数一般不少于 5 级。

现仍以 2008 年 12 月糯扎渡堆石坝 $B_{1-11}$ 号点的测试资料为例来计算 $\Delta m$。

该点测试时仪器的频率分辨率 $\mathrm{d}f = 0.168$ Hz,$\overline{f_1} = 54.514$ Hz,$K = 108.8 \times 10^6$ N/m,取 $\Delta f = 15\mathrm{d}f = 15 \times 0.168 = 2.52 (\mathrm{Hz})$,则每一级 $\Delta m$ 为

$$\begin{aligned} \Delta m_i &= \frac{1}{2\pi^2} \frac{\Delta f}{f_i^2(f_i + 2\Delta f)} K \\ &= \frac{1}{2\pi^2} \frac{2.52}{54.514^2 \times (54.514 + 2 \times 2.52)} \times 108.8 \times 10^6 \\ &= 78.5 (\mathrm{kg}) \end{aligned}$$

取整数 $\Delta m_i$ 为 80 kg,5 级 $\Delta m_i$ 的 $\Delta m$ 为

$$\Delta m = 5 \times \Delta m_i = 400 (\mathrm{kg})$$

## 3.3.5  激震锤

50 kg 左右平底灌铅锤或铁块。锤底直径 200 mm。

其他设备还有电源、电线、石膏或其他黏合剂(用于检波器与压板耦合)。

# 3.4  操作步骤

(1)将盖压板平放于测点表面,并用约 20 mm 厚的砂层找平。

(2)将拾震器埋置(黏合或旋结)于盖板中心。

(3)将 $\Delta m$ 对称均匀地加在盖板上,一般为 5 级,最少不得少于 4 级。

(4)将拾震器用导线与振动信号采集分析仪连接。

（5）开机选择信号采集参数,如采样间隔、采样长度、触发电平、增益等,详见仪器操作说明。

（6）以上步骤完成后,待机准备采集信号。

（7）由激震锤锤击旁土(落点距盖板 20 cm 许)即可采集到一条由 $\Delta m$、盖板、地基土所组成的振动体系的振动信号时域曲线 $Z(t)$。操作频谱分析程序,将时域曲线转变为频域曲线。同一级 $\Delta m$,一般需要 2~3 次激发,得到 2~3 条曲线,以观察其重复性(一致性);若重复性好,可读频谱曲线的峰值频率,此频率即为相应的 $\Delta m_i$ 的体系自振频率。

（8）改变 4~5 次 $\Delta m$(增加或减少 $\Delta m$),重复以上步骤,可得到与 $\Delta m$ 相应的 4~5 个频率值,据此,即可绘制 $\omega^{-2}$—$\Delta m$ 曲线。$\omega^{-2}$—$\Delta m$ 曲线的反斜率即为所求的地基刚度 $K$,曲线在 $\Delta m$ 上的截距即为盖板下地基土的参振质量 $m_0$。

频谱分析、$\omega^{-2}$—$\Delta m$ 曲线的绘制以及 $K$、$m_0$ 的计算,均可由计算机程序来完成。

# 3.5　频谱分析

振动往往有两种表示方法:时间域(时域)和频率域(频域)。时间域表示法,即将振动的位移 $Z$ 表示为时间 $t$ 的函数 $Z(t)$,其几何图形被称为振动图,如图 3.5.1(a)所示;频率域表示法,即将 $Z(t)$ 分解为不同振幅和不同频率的正弦波,这些正弦波振幅的频率分布曲线被称为振动的频谱 $Z(f)$,如图 3.5.1(b)所示。

频谱分析就是利用一定的数学工具将一个波形(时间域函数)分解为许多不同频率的正弦波,以便研究这个波形的频率结构,从中提取有用频率,如系统的固有频率,用以求解 $K$、$m_0$。非如此,将很难提取系统的固有频率,完成 $K$、$m_0$ 的求解任务。因此,频谱分析是 $K$、$m_0$ 求解的关键环节。

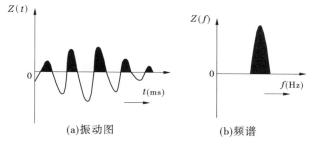

(a)振动图       (b)频谱

**图3.5.1 振动图和频谱**

## 3.5.1 傅里叶变换

如果一个时间域函数(波形)可以分解为许多不同频率的正弦波之和,这些正弦波加起来仍为原波形,我们就称这种时间域函数变为频率域函数的数学变换为傅里叶变换。所以,傅里叶变换可以看作是时间域函数在频率域上的表示。函数经过傅里叶变换后的信息和原函数(时间域函数)所包含的信息完全相同,只是信息的表示方法不同。

如果一个振动信号可以表示为一个时间域函数 $X(t)$、频率域函数 $X(f)$($t$ 和 $f$ 分别表示时间和频率),其傅里叶正反变换为

$$X(f) = \int_{-\infty}^{+\infty} x(t)\exp(\mathrm{i}2\pi ft)\mathrm{d}t \qquad (3.5.1)$$

$$X(t) = \int_{-\infty}^{+\infty} x(f)\exp(\mathrm{i}2\pi ft)\mathrm{d}f \qquad (3.5.2)$$

$X(f)$ 的单位是 V/Hz,$\mathrm{i} = \sqrt{-1}$,$X(f)$ 称为 $X(t)$ 的振幅谱,简称频谱。

通常,傅里叶变换是频率的复函数,见式(3.5.3):

$$X(f) = R(f) + \mathrm{i}I(f) = |X(f)| \mathrm{e}^{\mathrm{i}\Theta(f)} \qquad (3.5.3)$$

式中    $R(f)$——傅里叶变换的实部;

     $I(f)$——傅里叶变换的虚部;

$|X(f)|$ ——由 $\sqrt{R^2(f) + I^2(f)}$ 给出;

$\Theta(f)$ ——傅里叶变换的相角,由 $\arctan[I(f)/R(f)]$ 给出。

如果函数 $X(f)$ 称函数 $X(t)$ 的傅里叶变换,则函数 $X(t)$ 称函数 $X(f)$ 的逆变换,$X(t)$ 和 $X(f)$ 称为傅里叶变换对,记作:

$$X(t) \Leftrightarrow X(f)$$

傅里叶变换的若干性质如下(不加证明)。

### 3.5.1.1 线性

如果 $X_1(t)$、$X_2(t)$ 的傅里叶变换分别为 $X_1(f)$、$X_2(f)$,则 $X_1(t) + X_2(t)$ 的傅里叶变换为 $X_1(f) + X_2(f)$,见式(3.5.4),其中 $a_1$、$a_2$ 为任意常数。

$$a_1X_1(t) + a_2X_2(t) \Leftrightarrow a_1X_1(f) + a_2X_2(f) \qquad (3.5.4)$$

### 3.5.1.2 对称性

若 $X(t)$ 和 $X(f)$ 为一对傅里叶变换,则式(3.5.5)成立。即将 $X(f)$ 的自变量 $f$ 换成 $t$ 后,其频谱就变成了时域波形 $X(t)$,这时的傅里叶变换便是原时域信号 $X(t)$ 换了自变量 $f$ 的镜像 $X(-f)$,见式(3.5.5)。

$$X(t) \Leftrightarrow X(-f) \qquad (3.5.5)$$

### 3.5.1.3 时移性

如果 $X(t)$ 的自变量被移动一个常量 $t_0$,则其傅里叶变换 $X(f)$ 便乘以 $e^{-i2\pi ft_0}$,见式(3.5.6)。

$$X(t - t_0) \Leftrightarrow X(f) e^{-i2\pi ft_0} \qquad (3.5.6)$$

### 3.5.1.4 频移性

如果 $X(f)$ 的自变量移动一个常量 $f_0$,则它的逆变换便乘以 $e^{2\pi f_0 t}$,见式(3.5.7)。

$$X(t) e^{2\pi f_0 t} \Leftrightarrow X(f - f_0) \qquad (3.5.7)$$

### 3.5.1.5 时间尺度

如果 $X(t)$ 的傅里叶变换为 $X(f)$,则 $X(kt)$ 的傅里叶变换为式(3.5.8),其中 $k$ 为大于 0 的实数。

$$X(kt) \Leftrightarrow \frac{1}{k}X(\frac{f}{k}) \qquad (3.5.8)$$

时间尺度的性质表明,时域信号的展宽必然导致频域宽度的压缩。

#### 3.5.1.6 频率尺度

如果 $X(f)$ 的逆变换为 $X(t)$,则 $X(kt)$ 的逆变换为式(3.5.9),其中 $k$ 为大于 0 的实数。

$$\frac{1}{k}X(\frac{t}{k}) \Leftrightarrow X(kf) \qquad (3.5.9)$$

频率尺度性质表明,频域信号的展宽必然导致时域信号的压缩。

## 3.5.2 连续信号离散化

连续信号离散化包含三项内容:加窗、采样和量化。

工程中许多实际信号都是连续的。时间的连续函数记为 $X(t)$,$t$ 的取值范围由 $-\infty$ 到 $+\infty$。欲用计算机处理这些信号,必须取其中的一段信号,即加窗;再进行采样、量化,将连续信号(或称模拟信号)变成数字信号,才能用计算机进行处理。这个过程被称作模数转换,或称数字化过程。模数转换工作一般由计算机的模数转换器来完成。

#### 3.5.2.1 加窗

由于任何一个实际信号都不可能无限长,从信号处理角度来说,对时间域信号的长度必须加以限制,这种对信号长度加以限制在信号处理中被称为加窗。

#### 3.5.2.2 采样

如果一个连续(模拟)信号表示为时间 $t$ 的函数 $X(t)$,并按时间间隔 $\Delta T$ 进行取值,得到一个 $X(n\Delta T)$ 数列($n = \cdots, -2, -1, 0,$

$1,2,\cdots$），如图 3.5.2 所示。我们称 $\Delta T$ 为采样间隔，$X(n\Delta T)$ 为离散信号的时间序列。

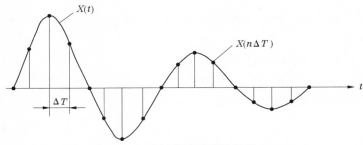

图 3.5.2　连续信号及离散信号

### 3.5.2.3　信号量化与编码

例如，在图 3.5.3 中，接收的信号（传感器输出的电压）在 0～5 V 连续变化，假定采用 0 V、1 V、2 V、3 V、4 V、5 V,6 个电平近似地取代 0～5 V 范围内变化的连续信号，这个过程称为连续信号量化。量化后，只要连续信号处于 0.5～1.4 V 范围内，都认为是 1 V，处于 1.5～2.4 V 范围内，则认为是 2 V，小数部分按四舍五入取值，其他类推。信号经过量化处理后，就把原来无限多个数值的连续信号变成具有有限个数值的量化电平。然后把这些有限个数值的量化电平用二进制代码编成不同数码组来表示，这些编码与量化电平有一一对应关系。000 代表 0 V,001 代表 1 V,010 代表 2 V,011 代表 3 V,100 代表 4 V,101 代表 5 V。其中,1 代表有脉冲,0 代表无脉冲，这一过程称为编码。

## 3.5.3　离散傅里叶变换

### 3.5.3.1　离散傅里叶变换的性质

对于一个长度为 $N$ 的有限长序列 $X(n)$

$$X(n) = \begin{cases} X(n), & 0 < n \leqslant N-1 \\ 0, & \text{其余 } n \text{ 值} \end{cases} \qquad (3.5.10)$$

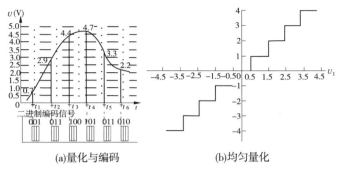

(a)量化与编码                    (b)均匀量化

图3.5.3　信号量化与编码

其离散傅里叶变换 $X(k)$ 仍然是一个长度为 $N$ 的频域有限序列，它们的关系为

$$X(k) = \sum_{n=0}^{N-1} X(n) \cdot \exp(-i2\pi kn/N), 0 \leqslant k \leqslant N-1$$

$$(3.5.11)$$

$$X(n) = \frac{1}{N} \sum_{k=0}^{N-1} X(n) \cdot \exp(i2\pi kn/N), 0 \leqslant n \leqslant N-1$$

$$(3.5.12)$$

常用 DFT 表示傅里叶变换 $X(k)$，IDFT 表示傅里叶逆变换 $X(n)$。如果离散信号的采样间隔为 $\Delta T$，频率的样点间隔为 $\Delta f = 1/(n\Delta T)$，这时的傅里叶变换对为

$$X(k\Delta f) = \Delta T \sum_{n=0}^{N-1} X(n\Delta T) \cdot \exp(-i2\pi kn/N), 0 \leqslant k \leqslant N-1$$

$$(3.5.13)$$

$$X(n\Delta T) = \frac{1}{N\Delta T} \sum_{k=0}^{N-1} X(k\Delta f) \cdot \exp(i2\pi kn/N), 0 \leqslant n \leqslant N-1$$

$$(3.5.14)$$

### 3.5.3.2　离散傅里叶变换的混叠效应、泄漏效应和栅栏效应

只有用加窗、采样的方法才能将一个无限长的连续信号有限

化、离散化,将模拟信号变成数字信号,这样才能利用计算机进行频谱分析。但一个连续信号经过加窗、采样之后又会给频谱分析带来三种误差效应,即混叠效应、泄漏效应和栅栏效应。下面分析这三种效应及处理办法。

1. 频率混叠

在一个连续信号离散化过程中,如果选用较大的采样间隔 $\Delta T$,采样后的离散信号将无法恢复原来的信号(波形)形态,在频率域就会出现高低频混叠,使频率失真,这种现象在频谱分析中称为频率混叠,如图 3.5.4 所示。为避免频率混叠问题,就应该选用较小的采样间隔,奈奎斯特(Nyquist)发现当采样间隔 $\Delta T \leqslant 1/(2f_{\mathrm{m}})$ 时,就不会发生频率混叠。$f_{\mathrm{c}} = 2f_{\mathrm{m}}$ 称为奈奎斯特频率,$f_{\mathrm{m}}$ 为连续信号的最高频率。

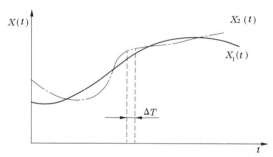

**图 3.5.4　频率混叠**

$$\Delta T \leqslant 1/(2f_{\mathrm{m}}) = 1/f_{\mathrm{c}} \qquad (3.5.15)$$

因此,在连续信号离散化过程中,只要满足式(3.5.15)的采样间隔的选择,便不会发生频率混叠。式(3.5.15)为时间域采样定理。实际计算中常采用采样间隔 $\Delta T \leqslant 1/(10f_{\mathrm{m}})$。

反之,一个时间长度为 $2\pi$ 的时间域信号,如图 3.5.5(b)所示,其频谱由一系列采样间隔为 $\Delta f$ 的样点确定,$\Delta f$ 必须小于或等于信号长度($T_{\mathrm{P}} = 2\zeta$)的倒数,即满足式(3.5.16),否则就有可能产生频率混叠,造成频率失真。式(3.5.16)即为频率域采样定理。

$$\Delta f \leqslant 1/(2\zeta) = 1/T_{\mathrm{P}} \qquad (3.5.16)$$

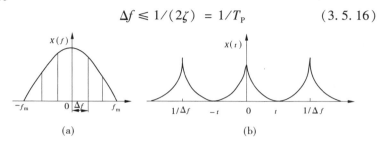

图 3.5.5　频率域采样定理图示

2. 频率泄漏

我们知道,对于一个无限长连续信号,必须对信号长度加以限制和采样,即对信号长度加以有限截取,才能作频谱分析。对信号长度的有限截取,在频谱分析中称为加窗。时域信号的加窗,将会产生频谱曲线的折皱,折皱现象在频谱分析中被称为频率泄漏。频率泄漏在频谱曲线形态上的反映是:主峰(主瓣)变宽,主峰两侧增添了许多小峰(称旁瓣);窗长越长(时间信号长度越长),主瓣越窄,旁瓣越小,主峰越突出。这种现象是傅里叶变换性质中时间尺度和频率尺度变换关系的具体体现,即时间尺度展宽,则频率尺度压缩,如图3.5.6所示。因此,欲使泄漏效应减小,必须增大窗长,即增长截取时间 $T_{\mathrm{P}}$。

3. 栅栏效应

连续信号离散化之后,两个相邻采样点之间的信号变成了零,其结果相当于连续信号与观察者之间隔着一排栅栏,只能从栅栏的缝隙之中观察到信号值,所有缝隙之间的信号全被栅栏挡住了,这种现象被形象地称为信号采样的栅栏效应。显然,采样间隔 $\Delta T$ 越大,被挡住的就越多;反之则越少。在频谱分析中,当时间域采样间隔较大,不能满足采样定理要求时,就会发生频率混叠,将不

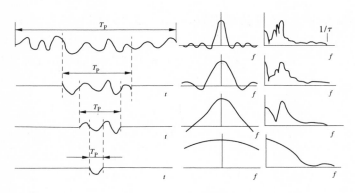

图 3.5.6　频率泄漏

能恢复原始信号的真实波形；如果频率域的采样间隔较大且不能满足频率域采样定理要求（窗长不为周期的整数），将发生频率泄漏，频谱曲线产生折皱，影响频谱分析的效果。

从前面分析中知道，频率域采样间隔 $\Delta f$ 与时间域信号的截取长度 $T_P$（时窗长度）互为倒数；时间域采集间隔 $\Delta T$ 与采样频率 $f_s$ 亦互为倒数。如采样点数为 $N$，则 $\Delta T$、$\Delta f$、$f_s$、$T_P$、$N$ 有如下关系：

$$\Delta T = 1 / f_s$$
$$\Delta f = 1 / T_P$$
$$N = T_P / \Delta T$$
$$N = f_s / \Delta f$$
$$\Delta f = f_s / N$$

$\Delta f$ 为频谱曲线中两相邻频率的差值，即区分两个不同频率的最小差值，称为频率分辨率（也写作 $df$），$\Delta f$ 取决于 $f_s$ 值及 $N$ 值。欲提高频率分辨率，即降低 $\Delta f$ 值，就要降低 $f_s$ 或者增加采样点数 $N$，或者降低 $f_s$、增加 $N$ 同时进行。然而，降低 $f_s$ 必然导致 $\Delta T$ 增大，有可能突破时间域采样定理要求，造成频率混叠；增加采样点数 $N$ 将使窗长 $T_P$ 加大，对于衰减信号序列，又有可能使干扰信号（非衰减信号）突出，不利于有效信号的识别。因此，如何在保持

采样频率 $f_s$ 不变、窗长不变的条件下减小栅栏效应,是一件非常有意义的工作,解决问题的办法就是运算中的补零。

补零,就是原序列样点数不变,再补上函数值为零的若干个点。补零有补在原序列前面、中部、后面三种补法。对于衰减信号,一般采用原序列后面补零的办法。这是因为衰减信号往往经过若干个周期之后接近于零,所以补零不会对频谱分析造成较大误差。但补零只能加密谱线,使谱线更圆滑,不会提高频率分辨率。

例如,在长度为 $N_1$ 的序列 $X_1(n)$ 的后面补了 $N_2 - N_1$ 个零,形成了一个新的序列 $X_2(n)$。$X_1(k)$ 为 $X_1(n)$ 序列的 $N_1$ 个点的 DFT,$X_2(k)$ 为序列 $X_2(n)$ 的 $N_2$ 个点的 DFT,则

$$X_2(k) = \sum_{n=0}^{N_2-1} X_2(n) \mathrm{e}^{-\mathrm{i}\frac{2\pi}{N_2}kn} = \sum_{n=0}^{N_1-1} X_1(n) \mathrm{e}^{-\mathrm{i}\frac{2\pi}{N_2}kn} + \sum_{N_1-1}^{N_2-N_1} X_1(n) \mathrm{e}^{-\mathrm{i}\frac{2\pi}{N_2-N_1}kn}$$

$$= \sum_{n=0}^{N_1-1} X_1(n) \mathrm{e}^{-\mathrm{i}\frac{2\pi}{N_2}kn} + \sum_{N_1-1}^{N_2-N_1} 0 \mathrm{e}^{-\mathrm{i}\frac{2\pi}{N_2-N_1}kn} = \sum_{n=0}^{N_1-1} X_1(n) \mathrm{e}^{-\mathrm{i}\frac{2\pi}{N_2}kn}$$

$$= \sum_{n=0}^{N_1-1} X_1(n) \mathrm{e}^{-\mathrm{i}\omega n} \Big|_{\omega=\frac{2\pi}{N_2}k}$$

$$= X_1(\mathrm{e}^{-\mathrm{i}\omega}) \Big|_{\omega=\frac{2\pi}{N_2}k}$$

即
$$X_2(k) = X_1(\mathrm{e}^{-\mathrm{i}\omega}) \Big|_{\omega=\frac{2\pi}{N_2}k}$$

$X_1(k)$ 的谱线间隔为 $2\pi/N_1$,$X_2(k)$ 的谱线间隔为 $2\pi/N_2$。由于 $N_2 > N_1$,显然 $2\pi/N_2 < 2\pi/N_1$,即补零后的谱线密度高于补零前的谱线密度,但补零后的 $X_2(n)$ 并没有比补零前增加信息量,$X_1(n)$ 与 $X_2(n)$ 的信息量是相等的。

另外,从对 $\Delta f = f_s/N$ 的分析中也可以得到与上述结论相同的结论:如果 $\Delta f_1$ 对应于补零前的序列点数 $N_1$,$\Delta f_2$ 则为补零后的序列点数 $N_2$,$N_1$ 序列后的补零点数为 $N_2 - N_1$;如果设 $r = N_2/N_1$($r$ 为正整数),$f_s$ 不变,则

$$\Delta f_1 = f_s / N_1$$
$$\Delta f_2 = f_s / N_2 = f_s / (rN_1) = \Delta f_1 / r$$
$$\Delta f_1 = r\Delta f_2$$

即补零后的谱线密度 $\Delta f_2$ 为补零前的谱线密度 $\Delta f_1$ 的 $r$ 倍。由于补零的函数值为零,所以补零并没有增加信息量,频率分辨率没有提高,只是加密了谱线,但其对降低栅栏效应的确是一个有效办法。尤其对于衰减信号补零,不会损失太多有效信息,因为补零的部位有效信号本来就非常接近于零。

再如,图 3.5.7 为信号 $X(n\Delta T)$ 的序列图,原有信号 4 个点,$N_1 = 4 = 2^2$,对应的谱线有 4 条,如图 3.5.7(a)所示;在 $N_1$ 后面补 4 个零,则序列长度为 $N_2 = N_1 + 4 = 8$,所对应的谱线有 8 条,如图 3.5.7(b)所示,补零后的谱线间隔比补零前减小了 50%,说明补零加密了谱线,但没有增添新的内容。

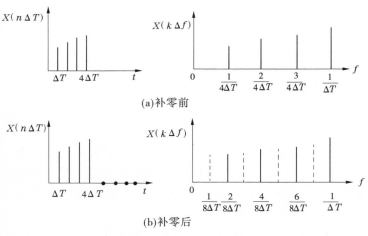

(a)补零前

(b)补零后

图 3.5.7　补零示意图

### 3.5.4　衰减信号频谱分析的时窗长度($T_P$)选择

　　工程测振所得到的实际信号(自由振动)往往是由干扰信号叠加的振动衰减信号,如图3.5.8(a)所示。这种信号的特点是:有效信号为随时间的衰减信号,干扰信号系来自有效信号之外的某种信号,往往没有随时间衰减的特性。因此,对这种信号进行频谱分析时,不仅要考虑频率混叠和频率泄漏问题,还要考虑抑制干扰问题。根据采样定理要求,采样间隔越小,序列越长,则频率分辨率越高,主峰越突出;但从有效信号与干扰信号的能量对比方面考虑,信号延续越长,有效信号衰减得越小,干扰信号就可能占优势,不利于有效信号(主频)的识别。

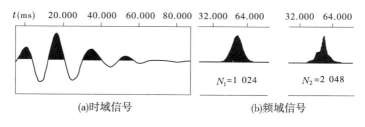

图3.5.8　时域信号和频域信号

　　由图3.5.8(b)可以看出,时间域信号大约经过3个周期之后,有效信号(衰减信号)就非常微弱了;对于这一信号如作 $N_1 = 1\,024$、$N_2 = 2\,048$ 两种不同样点数的频谱分析,其结果是长序列 $N_2 = 2\,048$ 对应的频谱曲线为多峰;短序列 $N_1 = 1\,024$ 对应的频谱曲线为单峰,样点数多的频谱分析效果还不如样点数少的好。

　　因此,对于有干扰的衰减信号作频谱分析时,往往需要选择不同的样点数作试探性分析,从中选择效果最佳的分析样点数。

# 3.6 实　例

（1）工程名称：四川田湾河仁宗海堆石坝工程，测点编号 $A_6$。

（2）介质：大坝堆石料碾压层，最大粒径 800 mm，碾压层厚度 1 m。

（3）目的：密度检测。

（4）检测参数：振动体系的刚度 $K$，有效参振质量 $m$。

（5）检测方法：附加质量法。

（6）仪器：WYS 振动信号测试分析仪。

（7）盖板半径：$r_0 = 0.25$ m。

（8）附加质量体（$\Delta m$）：$\Delta m = 93 \times 5（\text{kg}）$。

（9）拾震器：主频 60 Hz 的速度传感器（检波器）。

（10）仪器参数：采样频率 $f_s = 11\ 025$ Hz；采样间隔 $\Delta T = 90.703$ μs；频率分辨率 $\mathrm{d}f = 0.168$ Hz。

（11）估计分析样点数：将 $\Delta T$、$\mathrm{d}f$、$f_m$、$\alpha = 2.5$ 代入下式计算相应的分析样点数 $N$；$f_m$ 估计最高频率为 70.319 Hz（$\Delta m = 0$ 时的频率）。

$$N = \alpha \frac{f_m}{\mathrm{d}f} = 2.5 \times \frac{70.319}{0.168} = 1\ 046$$

（$f_m$ 可根据第一级 $\Delta m$ 相应谱曲线峰值估计）

$T_P = N\Delta T = 90.703$ μs $\times 1\ 046 = 94.9$ ms（估计计算时间）

（12）$N$、$T_P$ 的选择。

$N$、$T_P$ 的选择要考虑两个因素：①$N$、$T_P$ 计算值的大小；②信号的衰减情况。

根据经验估计 $N$ 作试探分析：一般经过 3 个周期有效信号强度就非常小了，如图 3.6.1（a）所示；此时，再延长 $T_P$ 不仅对频谱分析没有意义，反而会突出干扰信号，不利于有效信号的识别。

图 3.6.1(a)、(b)是 $N = 1\ 024$,通过带通(10 ~ 80 Hz)滤波之后提取的波形(时域)和频谱图。频谱图的形态:主峰突出、旁瓣消失,随着 $\Delta m$ 增加主峰频率递减,$\omega^{-2}$—$\Delta m$ 为一直线,相关系数 $r = 0.991\ 35$,频谱分析效果良好。采用 $N = 2\ 048$,则频谱分析效果反而不太好,$\Delta m = 93$ kg 时,即最下面一条频谱曲线出现双峰,如图 3.6.1(c)所示。

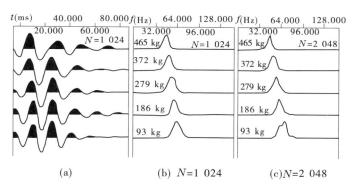

(a)          (b) $N=1\,024$          (c)$N=2\,048$

**图 3.6.1 $A_b$ 点的波形和频谱图**

(13)解 $K$、$m_0$。

根据振动时域曲线的频谱分析结果,读取每一级 $\Delta m$ 相应的峰点频率 $f$;计算其圆频率 $\omega$,$\omega = 2\pi f$;绘制 $\omega^{-2}$—$\Delta m$ 曲线,取曲线的逆斜率 $K = \Delta m / \Delta \omega^{-2}$,$K$ 即为所测振动体系的刚度;延长 $\omega^{-2}$—$\Delta m$ 曲线,与 $\Delta m$ 轴的交点即为有效参振质量 $m$。曲线与 $\omega^{-2}$ 轴的交点 $\omega_0^{-2}$,即为 $\Delta m = 0$ 时体系的自振圆频率平方的倒数,如图 3.6.2 所示。$K$、$m_0$ 还可以由式(3.6.1)和式(3.6.2)计算。

$$K = m_0 / \omega_0^{-2} \qquad (3.6.1)$$

$$m_0 = K\omega_0^{-2} \qquad (3.6.2)$$

经分析计算,结果如下:

$$K = 72.7 \times 10^6 \text{ N/m}$$

$$m_0 = 337 \text{ kg}$$

$$r = 0.987 \ (\omega^{-2}—\Delta m \text{ 的线性相关系数})$$

WYS 振动信号测试分析仪已将傅里叶变换(频谱分析)、$\omega^{-2}$—$\Delta m$ 曲线绘制及 $K$、$m_0$ 的分析计算程序化,以上工作都可以由计算机自动处理。

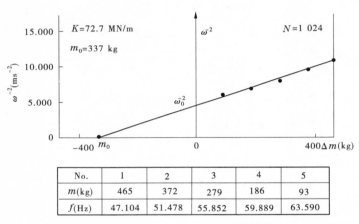

| No. | 1 | 2 | 3 | 4 | 5 |
|---|---|---|---|---|---|
| $m$(kg) | 465 | 372 | 279 | 186 | 93 |
| $f$(Hz) | 47.104 | 51.478 | 55.852 | 59.889 | 63.590 |

$r_0 = 0.25$ m, $r = 0.986\ 58$

资料编号:$A_5$  2007-07-27

**图 3.6.2  $\omega^{-2}$—$\Delta m$ 的图像**

# 3.7  几点说明

(1)$K$、$m_0$ 是质弹体系中的弹簧刚度和弹簧的有效参振质量,是振动体系所固有的力学参数,与附加质量 $\Delta m$ 以及其他外界因素无关。

(2)附加质量法是利用在振动体系上附加一定的刚性质量体的办法测定系统 $K$、$m_0$ 的方法。这种方法的理论依据是线弹性体系。只要振动体系符合线弹性模型,即恢复力 $f$ 与位移(或变形) $Z$ 是线弹性关系,采用附加质量求得的 $K$、$m_0$ 就是系统所固有的力学参数。可以证明,只要 $\omega^{-2}$—$\Delta m$ 的图像是一条直线,则恢复力 $f$ 与位移 $Z$ 就是线性关系。

已知线性振动微分方程:

$$m\ddot{Z} + KZ = 0$$
$$m = \Delta m + m_0$$
$$K = \omega^2(\Delta m + m_0)$$
$$Z = Z_m\sin(\omega t + \varphi)$$
$$\ddot{Z} = \frac{\mathrm{d}^2z}{\mathrm{d}t^2} = -Z\omega^2 \qquad (3.7.1)$$

式(3.7.1)两边同乘 $\omega^{-2}$ 得:

$$\omega^{-2}\ddot{Z} = -Z \quad (位移)$$

式(3.7.1)两边同乘 $(\Delta m + m_0)$ 得:

$$\ddot{Z}(\Delta m + m_0) = -Z\omega^2(\Delta m + m_0)$$
$$= -ZK$$
$$= -f$$

即 $$\ddot{Z}(\Delta m + m_0) = -f \quad (恢复力)$$

当 $\ddot{Z}$(加速度)$= 1$ 时

$$\omega^{-2} = -Z$$

$$\Delta m + m_0 = -f \quad (\ddot{Z} = 1 时的恢复力)$$

据此证明, $\omega^{-2}$—$\Delta m$ 曲线就是振动加速度归一化的位移与恢复力关系曲线。因此,只要 $\omega^{-2}$—$\Delta m$ 的图像是一条直线,所求的 $K$、$m_0$ 就是该振动体系所固有的力学参数。

(3)利用附加质量法测量得到的自振频率是根据振动衰减曲线经傅里叶变换后得到的频谱曲线的峰点频率,是阻尼振动频率

$\omega_\alpha$;计算 $K$、$m_0$ 时所利用的模型,则是无阻尼模型,振动频率 $\omega$ 为无阻尼频率。严格来讲,$\omega_\alpha \neq \omega$。但由于堆石体振动的阻尼比 $D$ 很小,为 0.1~0.2,为简化计算,则认为 $\omega_\alpha \approx \omega$。也就是说,$K$、$m_0$ 的反演采用的无阻尼质弹模型,而实际上利用的是有阻尼的振动圆频率,这是由于 $\omega = \omega_\alpha$ 所造成的误差可以忽略不计的缘故。

（4）傅里叶变换是频谱分析有力的数学工具,但计算比较烦琐,不过已有现成的处理模块可供选用;一些有针对性的仪器,如 WYS 系列仪器有专用程序可以应用,无需测试人员进行计算,但操作员要懂得傅里叶变换的基本原理。采样时,要遵照采样要求合理选择采样频率,以确定合理的采样间隔和频率分辨率;在进行频谱分析计算时,要合理选用计算样点数 $N$;对于衰减信号（测振所采集的信号一般均为衰减信号）,并非样点数越多越好,因为随着序列的延长,有效信号衰减很快,但干扰信号并非随时间延长而衰减,当 $N$ 太大时,会使干扰信号的能量占据优势,不利于有效信号的识别。因此,$N$ 的选择要恰到好处。由于干扰信号的弱强变化事先是不知道的,因此要作试探性分析,并非都能一次成功。不但如此,如在分析过程中发现采样间隔 $\Delta T$、频率分辨率 $df$ 不合适,还要重新选择设定采样频率 $f_s$,重新测试。总之,$f_s$ 的设定、$N$ 的选择,要以获得最佳频谱效果为目的,以 $\omega^{-2}$—$\Delta m$ 曲线获得最佳线性拟合（相关系数 $r$ 一般要在 0.99 以上）为原则,而且每一级 $\Delta m$ 的频谱曲线不仅要有良好的形态,还要有较好的重复性,以确保 $K$、$m_0$ 的准确性。

# 第4章  密度反演

辩证唯物主义认为,任何事物都是一分为二的,有正面与反面。例如,数学中的正函数与反函数、微分与积分;化学中的化合与分解;地球物理学中的正演与反演。由模型(或原型)求响应函数的问题,称为正演问题;反之,由响应函数或观测数据求模型(或原型)参数的问题,称为反演问题。刚度 $K$ 和有效质量 $m_0$ 就是利用实测的振动信号数据通过数据处理技术(傅氏变换绘制 $\omega^{-2}$—$\Delta m$ 曲线)而得到的一维线弹性模型的两个参数。现在要讨论的问题是,如何利用模型参数 $K$、$m_0$ 反演原型(堆石土)体系的密度参数 $\rho$。本章提出了解析法、相关法、神经网络法和量板法。

## 4.1  解析法

解析法是用含有密度参数的解析式求解密度的方法。本节介绍两种解析法,即波速法和衰减系数法。其中,波速法除要求知道基底介质的刚度 $K$ 外,还必须知道介质的弹性波速度 $V_{\mathrm{p}}$(纵波)、$V_{\mathrm{S}}$(横波),故称为波速法;衰减系数法除要求知道介质的参振质量 $m_0$ 外,还需要知道振动传播的衰减系数 $\beta$,故称为衰减系数法。

### 4.1.1  波速法

波速法是利用完全弹性介质的弹性波速度、密度、弹性模量、剪切模量、泊松比等弹性参数之间的解析关系(解析式)计算介质密度的一种方法。其中,弹性波速度可采用时距法测定,弹性模量、剪切模量可通过附加质量测出 $K$ 后计算。

#### 4.1.1.1 密度式

依据弹性理论和波动理论,可以推出弹性波速度与弹性模量、剪切模量、介质密度之间的解析关系式,见式(4.1.1)~式(4.1.2)、式(4.1.3):

$$V_P = a_P \sqrt{E/\rho} \qquad (4.1.1)$$

$$V_S = a_S \sqrt{G/\rho} \qquad (4.1.2)$$

$$V_R = a_R \sqrt{G/\rho} \qquad (4.1.3)$$

$$a_S = 1$$

$$a_R = \frac{0.87 + 1.12\mu}{1 + \mu} \qquad (4.1.4)$$

$$\mu = \frac{V_P^2 - 2V_S^2}{2(V_P^2 - V_S^2)} \qquad (4.1.5)$$

$$E = 2(1 + \mu)G \qquad (4.1.6)$$

$$K = \frac{4r_0}{1 - \mu}G \qquad (4.1.7)$$

式中  $V_P$、$V_S$、$V_R$——纵波、横波、面波速度;

$a_P$、$a_S$、$a_R$——纵波、横波、面波速度系数;

$E$——弹性模量;

$G$——剪切模量;

$K$——竖向刚度;

$\mu$——泊松比;

$r_0$——基底半径;

$\rho$——介质密度。

一维、二维、三维介质的纵波波速系数计算公式(文献[26]15页)为

$$a_{P_1} = 1$$

$$a_{P_2} = \sqrt{1/(1 - \mu^2)}$$

$$a_{P_3} = \sqrt{(1-\mu)/[(1+\mu)(1-2\mu)]}$$

$$a_{P_1} < a_{P_2} < a_{P_3} \quad \text{❶}$$

根据 $V_P$、$V_S$、$V_R$ 三个波速式以及式(4.1.6)可得出相应的密度式 $\rho_P$、$\rho_S$、$\rho_R$:

$$\rho_P = (a_P)^2 \frac{E}{V_P^2} = (a_P)^2 2(1+\mu) \frac{G}{V_P^2} \qquad (4.1.8)$$

$$\rho_S = (a_S)^2 \frac{G}{V_S^2} = \frac{G}{V_S^2} \qquad (4.1.9)$$

$$\rho_R = (a_R)^2 \frac{G}{V_R^2} \qquad (4.1.10)$$

由于 $\dfrac{\rho_P}{\rho_S} = \dfrac{(a_P)^2 2(1+\mu)V_S^2}{(a_S)^2 V_P^2}$，$(a_P)^2 = \dfrac{(1-\mu)}{(1+\mu)(1-2\mu)}$ (三维)，$V_P^2 = \dfrac{2(1-\mu)}{1-2\mu}V_S^2$，

故 $\qquad \dfrac{\rho_P}{\rho_S} = \dfrac{(1-\mu)(1-2\mu)^2(1+\mu)V_S^2}{(1+\mu)(1-2\mu)^2(1-\mu)V_S^2} = 1$

由于 $a_R = \dfrac{V_R}{V_S}$，

故 $\qquad \dfrac{\rho_S}{\rho_R} = \dfrac{(a_S)^2 V_R^2}{(a_R)^2 V_S^2} = \dfrac{(a_S)^2}{(a_R)^2}(a_R)^2 = (a_S)^2 = 1$

因此 $\qquad\qquad \rho = \rho_P = \rho_R = \rho_S$

即采用 $V_P$、$V_S$、$V_R$ 对应的密度式计算结果是相同的。为了计算方便,选择式(4.1.9),并将式(4.1.7)代入式(4.1.9)得最终的密度式,即式(4.1.11):

---

❶ 证明:

(1) $\dfrac{a_{P_1}}{a_{P_2}} = \dfrac{1}{\sqrt{1/(1-\mu^2)}} = \sqrt{1-\mu^2} < 1$，$\dfrac{a_{P_2}}{a_{P_3}} = \dfrac{\sqrt{1/(1-\mu^2)}}{\sqrt{(1-\mu)/[(1+\mu)(1-2\mu)]}} = \dfrac{\sqrt{1-2\mu}}{\sqrt{(1-2\mu)+\mu^2}} < 1$；

(2) 因为 $0 < \mu < 0.5$，所以 $a_{P_1} < a_{P_2} < a_{P_3}$。证毕。

$$\rho_S = \frac{1-\mu}{4r_0} V_S^{-2} K \qquad (4.1.11)$$

#### 4.1.1.2 工程实例

目的:检测堆石体碾压层密度。

工区:四川田湾河仁宗海工程堆石坝。

已知:$r_0 = 0.25$ m(盖板半径),$K$、$m_0$ 由附加质量法测定,$V_P$、$V_S$ 由表面直测线法测定。

检测试验时间:2007 年。

仪器:WYS 虚拟信号采集分析仪。

密度求解方法:波速法。

检测计算结果如表 4.1.1 所示。

表 4.1.1　四川田湾河仁宗海工程堆石坝碾压层密度检测计算表(13 个点)

| 序号 | 点号 | $K$<br>(MN/m) | $m_0$<br>(kg) | $V_P$<br>(m/s) | $V_S$<br>(m/s) | $\mu$ | $\rho_S$<br>(t/m³) | $\rho$<br>(t/m³)<br>(坑测) | $\|\Delta\rho\|$<br>(t/m³) | $\delta_\rho$ |
|---|---|---|---|---|---|---|---|---|---|---|
| 1 | A1 | 115 | 483 | 430 | 228 | 0.303 | 1.54 | 2.19 | 0.65 | 0.30 |
| 2 | A4 | 148 | 831 | 420 | 182 | 0.343 | 2.94 | 2.29 | 0.65 | 0.28 |
| 3 | A6 | 73 | 337 | 400 | 182 | 0.365 | 1.40 | 2.15 | 0.75 | 0.35 |
| 4 | A8 | 112 | 554 | 380 | 186 | 0.343 | 1.92 | 2.25 | 0.33 | 0.15 |
| 5 | A13 | 116 | 498 | 410 | 167 | 0.400 | 2.50 | 2.21 | 0.29 | 0.13 |
| 6 | A14 | 174 | 651 | 447 | 203 | 0.371 | 2.66 | 2.23 | 0.43 | 0.19 |
| 7 | A21 | 110 | 380 | 440 | 159 | 0.425 | 2.50 | 2.18 | 0.32 | 0.15 |
| 8 | A22 | 169 | 906 | 390 | 190 | 0.345 | 3.07 | 2.26 | 0.81 | 0.36 |
| 9 | A27 | 120 | 714 | 323 |  |  |  | 2.22 |  |  |
| 10 | A31 | 122 | 750 | 345 |  |  |  | 2.23 |  |  |
| 11 | A33 | 129 | 697 | 310 | 164 | 0.305 | 3.33 | 2.20 | 1.13 | 0.51 |
| 12 | C1 | 124 | 689 | 430 | 202 | 0.358 | 1.95 | 2.23 | 0.28 | 0.13 |
| 13 | C2 | 121 | 646 | 436 |  |  |  | 2.21 |  |  |

注:1. $\mu$ 根据式(4.1.5)计算,$\rho_S$ 根据式(4.1.11)计算,$\rho$ 为坑测密度,$\rho_S$、$\rho$ 均为湿密度。

2. $\|\Delta\rho\|$ 为绝对误差,$\delta_\rho$ 为相对误差:$\|\Delta\rho\| = \|\rho_S - \rho\|$,$\delta_\rho = \|\Delta\rho\|/\rho$。

3. $r_0$ 为测点盖板半径,$r_0 = 0.25$ m。

4. 测量 $K$、$m_0$ 时,$\Delta m$ 采用 5 级,每级 $\Delta m = 93$ kg。

从表4.1.1中可以看出波速法的密度误差很大：

$$|\Delta\rho| = (0.28 \sim 1.13)\ t/m^3$$

$$\delta_\rho = 0.13 \sim 0.51$$

### 4.1.1.3　误差分析

根据误差传递理论可知,函数 $y = f(x_i)$ $(i = 1,2,\cdots,n)$ 的绝对误差 $\Delta y$、相对误差 $\delta_y$ 可分别由式(4.1.12)和式(4.1.13)表示：

$$\Delta y = \left|\frac{\partial f}{\partial x_i}\right|\Delta x_i \quad (x_i = x_1, x_2, \cdots, x_n) \tag{4.1.12}$$

$$\delta_y = \frac{\Delta y}{|y|} = \left|\frac{\partial f}{\partial x_i}\right|\frac{\Delta x_i}{|y|} \quad (i = 1,2,\cdots,n) \tag{4.1.13}$$

式中　$\Delta x_1, \Delta x_2, \cdots, \Delta x_n$——自变量 $x_1, x_2, \cdots, x_n$ 的绝对误差；

　　　$|y|$——函数的绝对值；

　　　$\dfrac{\partial f}{\partial x_i}$——函数 $f(x_i)$ 对于自变量 $x_i$ 的偏导数,即误差系数。

1. 密度误差式

设密度 $\rho$ 的相对误差为 $\delta_\rho$,将式(4.1.11)代入式(4.1.13),得式(4.1.14)：

$$\delta_\rho = \frac{\Delta\mu}{1-\mu} + \frac{\Delta K}{K} + 2\frac{\Delta V_S}{V_S} \tag{4.1.14}$$

如设由波速 $V_S$ 造成的相对误差为 $\delta_{V_S} = \dfrac{\Delta V_S}{V_S}$,则

$$\delta_\rho = \frac{\Delta\mu}{1-\mu} + \delta_K + 2\delta_{V_S} \tag{4.1.15}$$

其中,$\delta_K = \dfrac{\Delta K}{K}$。

从式(4.1.15)中可以看出,密度 $\rho$ 的相对误差包括三项。其中,仅波速 $V_S$ 对密度所造成的误差就等于波速本身误差的2倍。

$$\delta_{\rho_{V_S}} = 2\delta_{V_S} \tag{4.1.16}$$

2. 波速误差

设测线长度为 $x$,波经过测线长度 $x$ 传播时间为 $t$,则 $V_S = x/t$,如图 4.1.1 所示。对于堆石体介质,由于其颗粒结构的分布及物理力学特性具有显著的不均匀性,即所谓各向异性。因此,这种介质的波速不仅与测线方位有关,还与测线长度有关,如测线方位已定,测线长度不能过长或过短,应等于 $K$、$m_0$ 测量的有效影响范围。理论分析和实验证明(见 6.2.4 部分)测线长度 $x$ 应为测点盖板直径 $D$ 的两倍。如果碾压层厚度为 1 m,盖板直径一般为 0.5 m,即 $x$ 应为 1 m。

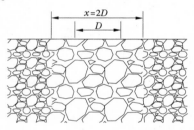

**图 4.1.1 测线长度示意图**

波速测量的时间误差 $\Delta t$ 应在波形识别的时间分辨率及仪器的有效计时精度值中选择大者。经验证明,$\Delta t$ 选择 1 ms 已经是较高的波形识别的分辨率了,仪器的时间分辨率可能高一些。对于堆石体而言,$V_S = 160$ m/s 是比较小的值(从表 4.1.1 中可以看出),则 $V_S$ 的相对误差 $\delta_{V_S}$ 可按式(4.1.17)计算

$$\delta_{V_S} = \frac{\Delta x}{x} + \frac{\Delta t}{t} = \frac{\Delta x}{x} + \frac{1}{6.25} = \frac{\Delta x}{x} + 0.16 \quad (4.1.17)$$

其中,$t = \dfrac{x}{V_S} = \dfrac{1}{160} = 6.25(\text{ms})$。

如果 $\dfrac{\Delta x}{x} = 0$,即距离的测量不存在误差,则

$$\delta_{V_S} = 0.16$$

3. 波速 $V_S$ 对密度造成的误差

将波速相对误差 $\delta_{V_S} = 0.16$ 代入式(4.1.16),可计算波速对密度造成的相对误差:

$$\delta_{\rho_{V_S}} = 2\delta_{V_S} = 2 \times 0.16 = 0.32$$

## 4.1.2 衰减系数法

衰减系数法是根据第 2 章所介绍的等效动能理论模型推出的密度 $\rho$ 与振动竖向衰减系数 $\beta$ 的关系反演堆石体密度的一种方法,其密度式为

$$\rho = \frac{2m_0\beta}{\pi r_0^2 \lambda} \tag{4.1.18}$$

式中  $r_0$——基底或盖板的当量半径;

$m_0$——堆石土介质的有效参振质量,$m_0 = \dfrac{K}{\omega_0^2}$;

$\lambda$——振动竖向传播的波长,$\lambda = \dfrac{V_P}{f_0}$;

$\beta$——振动竖向传播的衰减系数。

### 4.1.2.1 对衰减系数式的考察

关于衰减系数 $\beta$ 式,不同文献所提供的形式有所不同。

(1)《工程地质手册》(常士骠,中国建筑工业出版社,1992年):

$$Z_h = Z_0 e^{-2\pi\frac{h}{L}} \tag{4.1.19}$$

式中  $Z_h$——深度为 $h$ 处的振幅;

$Z_0$——介质表面(深度 $h = 0$ 处)的振幅;

$L$——表面波波长。

(2)《振动计算与隔振设计》(姜俊平等,中国建筑工业出版社,1985 年):

$$Z_h = Z_0 e^{-\beta \frac{h}{L}} \qquad (4.1.20)$$

式中　$L$——波长；

　　　$\beta$——衰减系数，水平激振时 $\beta = 5$，垂直激振时 $\beta = 3$。

(3)《土动力学》(吴世明等，中国建筑工业出版社，2000 年)：

$$Z_h = Z_0 e^{-\beta \frac{h}{\lambda}} \qquad (4.1.21)$$

式中　$\beta$——衰减系数；

　　　$\lambda$——实测波长。

(4)《地基基础测试新技术》(祝龙根等，机械工业出版社，2003 年)：

$$Z_h = Z_0 e^{-\beta \frac{h}{L_R}} \qquad (4.1.22)$$

式中　$\beta$——衰减系数；

　　　$L_R$——无注释。

从以上已查到的 4 个文献中可以得出：

(1)振动衰减式的结构完全相同，都是由一个起始振幅 $Z_0$(深度 $h = 0$ 处的振幅)和一个衰减因子 $e^{-\beta \frac{h}{\lambda}}$ 所组成。

(2)所不同的是：关于衰减系数，式(4.1.19)中 $2\pi$ 即衰减系数 $\beta$；式(4.1.20)中，水平激振时 $\beta = 5$，垂直激振时 $\beta = 3$。关于波长，式(4.1.21)注释为实测波长，式(4.1.20)注释为波长，式(4.1.22)没有注释，式(4.1.19)注释为表面波波长，笔者理解为竖向振动的纵波波长。

#### 4.1.2.2　衰减系数的测定

衰减系数 $\beta$ 的测定可归纳为直接法和率定法两类。

**1. 直接法**

根据式(4.1.21)可以推出衰减系数 $\beta$ 计算式为

$$\beta = \frac{\lambda}{h} \ln \frac{Z_0}{Z_h} \qquad (4.1.23)$$

式中　$h$——地面以下的深度；

$Z_0$——地面（深度 $h = 0$ 处）的振幅，即起始振幅；

$Z_h$——深度为 $h$ 处的振幅；

$\lambda$——实测波长，$\lambda = V_P/f_0$，$V_P$ 为纵波波速，$f_0$ 为 $\Delta m = 0$ 时

的振动频率，$f_0 = \dfrac{1}{2\pi}\sqrt{\dfrac{K}{m_0}}$。

在已知 $Z_0$、$Z_h$、$\lambda$ 后，即可以利用式（4.1.23）计算 $\beta$。$\beta$ 不仅
与 $m_0$、$K$、$h$ 有关，还与波速 $V_P$ 有关。因此，计算 $\beta$ 需要测定 $K$、
$m_0$、$Z_0$、$Z_h$、$V_P$ 等诸参数。

2. 率定法

根据式（4.1.18），利用实测的 $m_0$ 及密度 $\rho$ 的资料，可以采用
率定的办法求出 $\beta/\lambda$。现以四川 T 堆石坝工程的 32 组资料为例，
进行 $\beta/\lambda$ 率定计算，见表 4.1.2。

表 4.1.2　T 堆石坝工程堆石料 $\beta/\lambda$ 率定计算表

| 序号 | $m_0$ (kg) | $\rho$ (g/cm³) | $\beta/\lambda$ ($\times 10^{-4}$ m⁻³) | 序号 | $m_0$ (kg) | $\rho$ (g/cm³) | $\beta/\lambda$ ($\times 10^{-4}$ m⁻³) |
|---|---|---|---|---|---|---|---|
| 1 | 483 | 2.19 | 4.452 | 11 | 793 | 2.24 | 2.773 |
| 2 | 246 | 2.21 | 8.820 | 12 | 1 078 | 2.32 | 2.113 |
| 3 | 831 | 2.29 | 2.706 | 13 | 374 | 2.23 | 5.854 |
| 4 | 530 | 2.24 | 4.149 | 14 | 380 | 2.18 | 5.581 |
| 5 | 337 | 2.15 | 6.264 | 15 | 906 | 2.26 | 2.465 |
| 6 | 350 | 2.24 | 6.284 | 16 | 398 | 2.08 | 5.131 |
| 7 | 554 | 2.25 | 3.987 | 17 | 587 | 2.18 | 3.646 |
| 8 | 447 | 2.25 | 4.942 | 18 | 395 | 2.19 | 5.443 |
| 9 | 498 | 2.21 | 4.357 | 19 | 708 | 2.20 | 3.051 |
| 10 | 651 | 2.23 | 3.363 | 20 | 714 | 2.22 | 3.053 |

| 序号 | $m_0$ (kg) | $\rho$ (g/cm³) | $\beta/\lambda$ (×10⁻⁴ m⁻³) | 序号 | $m_0$ (kg) | $\rho$ (g/cm³) | $\beta/\lambda$ (×10⁻⁴ m⁻³) |
|---|---|---|---|---|---|---|---|
| 21 | 468 | 2.23 | 4.678 | 27 | 367 | 2.22 | 5.939 |
| 22 | 488 | 2.16 | 4.346 | 28 | 1 272 | 2.33 | 1.798 |
| 23 | 617 | 2.16 | 3.437 | 29 | 642 | 2.25 | 3.441 |
| 24 | 750 | 2.23 | 2.919 | 30 | 609 | 2.26 | 3.643 |
| 25 | 688 | 2.21 | 3.154 | 31 | 489 | 2.23 | 4.477 |
| 26 | 697 | 2.20 | 3.099 | 32 | 646 | 2.21 | 3.359 |

注:$r_0 = 0.25$ m,$r_0$ 为测 $K$、$m_0$ 时的盖板半径。

根据式(4.1.18)可得式(4.1.24)、式(4.1.25)。已知 $\rho$、$m_0$,代入式(4.1.24)可计算 $\beta/\lambda$,作 $\beta/\lambda$—$m_0$ 曲线图;反之,已知 $m_0$,查图4.1.2可得 $\beta/\lambda$,代入式(4.1.25)可解密度 $\rho$。

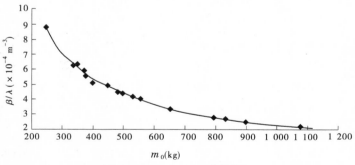

图4.1.2 $\beta/\lambda$—$m_0$ 曲线图

$$\frac{\beta}{\lambda} = \frac{\pi r_0^2 \rho}{2m_0} = \frac{\pi}{2} \, 0.25^2 \, \frac{\rho}{m_0} = 0.098\ 17 \, \frac{\rho}{m_0} \qquad (4.1.24)$$

$$\rho = \frac{2\beta}{\pi r_0^2 \lambda} m_0 = 10.185\ 9 \, \frac{\beta}{\lambda} m_0 \qquad (4.1.25)$$

# 4.2 相关法

相关法是利用附加质量法实测的堆石土的弹性参数 $K$、$m_0$ 与相应体积 $V_0(V_0 = m_0/\rho)$ 的相关关系求解测点密度的办法。

统计学中寻求变量与变量之间相关关系的办法,常用回归分析法。回归分析法的基本思路是,虽然变量与变量之间不具备严格的函数关系,但可以通过统计学的办法寻找一个不那么严格的数学表达式、代数式或相关图。回归分析可以根据自变量的多少以及自变量与因变量的关系,分为一元和多元、线性和非线性等不同类型。一个自变量与一个因变量之间的回归分析为一元回归分析,两个或两个以上自变量与因变量之间关系的分析为二元或多元回归分析;自变量与因变量之间的关系可以拟合为线性模型的为线性回归,自变量与因变量之间是非线性拟合的为非线性回归。最常用、最简单的就是一元线性回归,一元线性回归的数学模型是一元线性方程。

对于相同的实测数据,由于所选相关参数不同,其相关效果(相关程度)亦不同。现以四川某堆石坝工程 2007 年实测的 30 组数据(见表 4.2.1)为例,说明所选参数与相关程度的差异。

**表 4.2.1　四川某堆石坝工程实测弹性参数、密度数据表**

| 序号 | 点号 | $K$ (MN/m) | $m_0$ (kg) | $\omega^{-2}$ ($\times 10^{-6}$ s$^2$) | $V_0$ ($m_0/\rho$) | $K/\rho_W$ | 坑测 | | | $\dfrac{\omega^{-2}}{\rho_W}$ | $\dfrac{K}{\rho_0}$ |
|---|---|---|---|---|---|---|---|---|---|---|---|
| | | | | | | | $\rho_W$ | $\rho_0$ | $W$ | | |
| 1 | A1 | 115 | 483 | 4.20 | 221 | 52.5 | 2.19 | 2.11 | 3.6 | 1.92 | 54.5 |
| 2 | A3 | 73 | 246 | 3.37 | 111 | 33.0 | 2.21 | 2.14 | 3.3 | 1.52 | 34.1 |
| 3 | A4 | 148 | 831 | 5.61 | 363 | 64.6 | 2.29 | 2.22 | 3.0 | 2.45 | 66.7 |
| 4 | A5 | 104 | 530 | 5.10 | 237 | 46.4 | 2.24 | 2.19 | 2.3 | 2.28 | 47.5 |
| 5 | A6 | 73 | 337 | 4.62 | 157 | 34.0 | 2.15 | 2.10 | 2.2 | 2.15 | 34.8 |
| 6 | A7 | 90 | 350 | 3.89 | 156 | 40.2 | 2.24 | 2.19 | 2.1 | 1.74 | 41.1 |

| 序号 | 点号 | $K$ (MN/m) | $m_0$ (kg) | $\omega^{-2}$ ($\times 10^{-6}$ s$^2$) | $V_0$ ($m_0/\rho$) | $K/\rho_W$ | 坑测 | | | $\dfrac{\omega^{-2}}{\rho_W}$ | $\dfrac{K}{\rho_0}$ |
|---|---|---|---|---|---|---|---|---|---|---|---|
| | | | | | | | $\rho_W$ | $\rho_0$ | $W$ | | |
| 7 | A8 | 112 | 554 | 4.95 | 246 | 49.8 | 2.25 | 2.20 | 2.1 | 2.20 | 50.9 |
| 8 | A12 | 114 | 447 | 3.92 | 199 | 50.7 | 2.25 | 2.20 | 2.3 | 1.74 | 51.8 |
| 9 | A13 | 116 | 498 | 4.29 | 225 | 52.5 | 2.21 | 2.16 | 2.4 | 1.94 | 53.7 |
| 10 | A14 | 174 | 651 | 3.74 | 292 | 78.0 | 2.23 | 2.18 | 2.5 | 1.68 | 79.8 |
| 11 | A17 | 192 | 793 | 4.13 | 354 | 85.7 | 2.24 | 2.19 | 2.5 | 1.84 | 87.7 |
| 12 | A19 | 211 | 1 078 | 5.11 | 465 | 90.9 | 2.32 | 2.18 | 4.0 | 2.20 | 96.8 |
| 13 | A20 | 99 | 374 | 3.78 | 168 | 44.4 | 2.23 | 2.18 | 2.5 | 1.70 | 45.4 |
| 14 | A21 | 110 | 380 | 3.45 | 174 | 50.5 | 2.18 | 2.13 | 2.3 | 1.58 | 51.6 |
| 15 | A22 | 169 | 906 | 5.36 | 401 | 74.8 | 2.26 | 2.20 | 2.5 | 2.37 | 76.8 |
| 16 | A23 | 115 | 398 | 3.46 | 191 | 55.3 | 2.08 | 2.04 | 2.2 | 1.66 | 56.4 |
| 17 | A24 | 120 | 587 | 4.89 | 269 | 55.0 | 2.18 | 2.12 | 2.4 | 2.24 | 56.6 |
| 18 | A25 | 102 | 395 | 3.87 | 180 | 46.6 | 2.19 | 2.13 | 2.8 | 1.77 | 47.9 |
| 19 | A27 | 120 | 714 | 5.95 | 322 | 54.1 | 2.22 | 2.16 | 3.0 | 2.68 | 55.6 |
| 20 | A28 | 92 | 468 | 5.09 | 210 | 41.3 | 2.23 | 2.17 | 2.8 | 2.28 | 42.4 |
| 21 | A29 | 110 | 488 | 4.44 | 226 | 50.9 | 2.16 | 2.08 | 2.9 | 2.06 | 52.9 |
| 22 | A30 | 137 | 617 | 4.50 | 283 | 62.8 | 2.18 | 2.12 | 3.4 | 2.06 | 64.6 |
| 23 | A31 | 122 | 750 | 6.15 | 336 | 54.7 | 2.23 | 2.17 | 3.2 | 2.76 | 56.2 |
| 24 | A32 | 108 | 688 | 6.37 | 311 | 48.9 | 2.21 | 2.14 | 3.1 | 2.88 | 50.5 |
| 25 | A33 | 129 | 697 | 5.40 | 317 | 58.6 | 2.20 | 2.13 | 3.2 | 2.45 | 60.6 |
| 26 | A34 | 100 | 367 | 3.67 | 165 | 45.0 | 2.22 | 2.15 | 2.6 | 1.65 | 46.5 |
| 27 | B1 | 46 | 1 272 | 27.65 | 546 | 19.7 | 2.33 | 2.24 | 3.9 | 11.87 | 20.5 |
| 28 | B2 | 38 | 642 | 16.89 | 285 | 16.9 | 2.25 | 2.20 | 2.3 | 7.51 | 17.3 |
| 29 | C1 | 124 | 489 | 3.94 | 219 | 55.6 | 2.23 | 2.15 | 2.8 | 1.77 | 57.7 |
| 30 | C2 | 121 | 646 | 5.34 | 292 | 54.8 | 2.21 | 2.15 | 3.0 | 2.42 | 56.3 |

注:1. $\rho_W$ 为湿密度,$\rho_0$ 为干密度,密度单位为 t/m$^3$;$W$ 为含水率,单位为%;

2. A、B、C 点号依次为崩积体料、开挖洞渣料和基础料。

3. $V_0$ 为相应 $m_0$ 的体积,m$^3$。

4. 压板半径为 0.25 m。

（1）依据表 4.2.1 中的数据绘制了 8 个相关图,见图 4.2.1 ~

图 4.2.8。

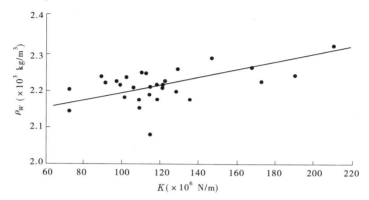

图 4.2.1 $\rho_W$—$K$ 相关图

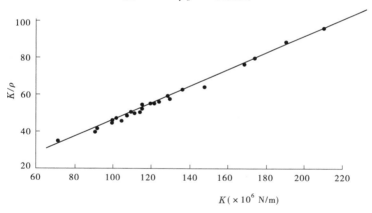

图 4.2.2 $K/\rho$— $K$ 相关图

8 个相关图分为两种类型,图 4.2.1、图 4.2.3、图 4.2.5、图 4.2.7 为坑测密度 $\rho$ 分别与 $K$、$m_0$、$\omega_0^{-2}$ 的单参数相关图;图 4.2.2、图 4.2.4、图 4.2.6、图 4.2.8 为密度 $\rho$ 的复参数相关图,如 $K/\rho$、$m_0/\rho$、$\omega_0^{-2}/\rho_W$ 均为复参数。图 4.2.7 及图 4.2.8 为干密度

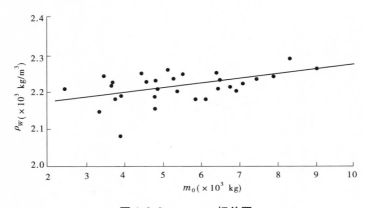

图 4.2.3  $\rho_W$—$m_0$ 相关图

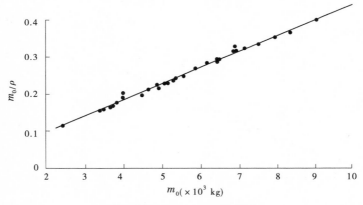

图 4.2.4  $m_0/\rho$—$m_0$ 相关图

$\rho_0$ 与 $K$ 的相关图,图 4.2.1 ~ 图 4.2.6 均为湿密度 $\rho_W$ 与 $K$、$m_0$、$\omega_0^{-2}$ 的相关图。利用干、湿密度两种相关图,我们可以求解干、湿密度。

从图 4.2.1 ~ 图 4.2.8 可以看出:单参数相关图点群的离散度较大,复参数相关图点群的离散度相对较小。

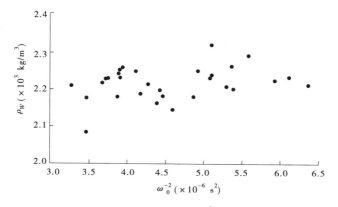

图 4.2.5　$\rho_W - \omega_0^{-2}$ 相关图

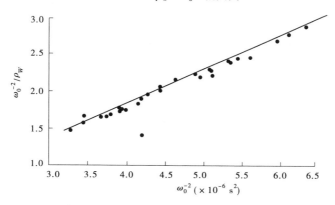

图 4.2.6　$\omega_0^{-2}/\rho_W - \omega_0^{-2}$ 相关图

（2）关于零相关问题。

相关分析中,零相关情况也时有发生,例如 PBG 堆石坝工程的 16 组资料(见表 4.2.2)对应的 $\rho - K$ 图就是这样,对于这种情况改用 $K/\rho - K$ 复参数,相关效果将有所改善,如图 4.2.9 和图 4.2.10所示。

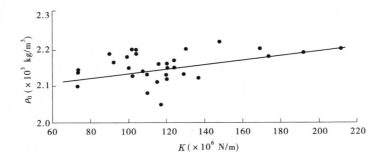

图 4.2.7　$\rho_0$—$K$ 相关图

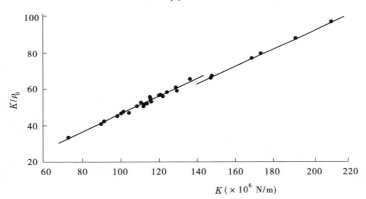

图 4.2.8　$K/\rho_0$—$K$ 相关图

表 4.2.2　PBG 堆石坝堆石土实测参数计算表

| 序号 | 点号 | $K$<br>（$\times 10^6$ N/m） | $m_0$<br>（kg） | $\rho_W$<br>（$\times 10^3$ kg/m³） | $K/\rho_W$ |
|---|---|---|---|---|---|
| 1 | 8－3 | 259 | 2 043 | 2.12 | 122 |
| 2 | 8－4 | 144 | 954 | 2.05 | 70 |
| 3 | 8－5 | 527 | 4 669 | 2.11 | 250 |
| 4 | 8－6 | 157 | 1 065 | 2.12 | 75 |
| 5 | 8－7 | 210 | 1 152 | 2.14 | 98 |

| 序号 | 点号 | $K$<br>( $\times 10^6$ N/m) | $m_0$<br>(kg) | $\rho_W$<br>( $\times 10^3$ kg/m$^3$) | $K/\rho_W$ |
|---|---|---|---|---|---|
| 6 | 8 – 8 | 308 | 2 860 | 2.11 | 146 |
| 7 | 8 – 9 | 168 | 966 | 2.12 | 79 |
| 8 | 8 – 10 | 156 | 858 | 2.15 | 73 |
| 9 | 8 – 11 | 217 | 1 464 | 2.09 | 104 |
| 10 | 8 – 12 | 155 | 774 | 2.14 | 72 |
| 11 | 9 – 1 | 157 | 1 329 | 2.08 | 75 |
| 12 | 9 – 2 | 295 | 2 806 | 2.06 | 143 |
| 13 | 9 – 4 | 199 | 2 038 | 1.97 | 101 |
| 14 | 10 – 1 | 179 | 1 887 | 2.07 | 86 |
| 15 | 10 – 2 | 180 | 1 630 | 1.96 | 92 |
| 16 | 10 – 3 | 151 | 1 528 | 2.07 | 73 |

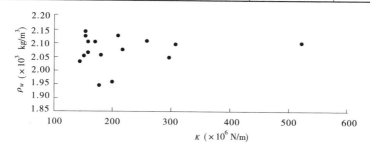

图 4.2.9 $\rho_W$—$K$ 相关图

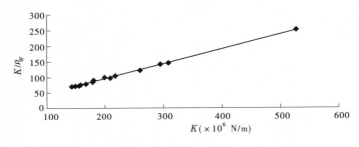

图 4.2.10 $K/\rho_W$—$K$ 相关图

# 4.3 神经网络法

## 4.3.1 神经网络的概念

### 4.3.1.1 神经网络的通俗概念

神经网络是人工神经网络的简称,是对人脑基本结构和某些功能的抽象简化模拟,是一种非线性系统的数学模型。它虽不是人脑神经网络系统的写真和描绘,但对非线性问题却有较强的反演处理能力。

### 4.3.1.2 神经网络的基本结构

神经网络是由大量神经元按一定规则排列而成的。图 4.3.1 为由一个输入层、一个中间层(或称隐层)及一个输出层组成的三层结构神经网络示意图。图中小圆圈为神经元,斜线为信息传递路线,"↑"为信息输入、输出标识。

### 4.3.1.3 神经元的物理模型

目前人们提出的神经元模型很多,其中最早提出且影响最大的是 1943 年心理学家 McCulloch 和数学家 W. Pitts 在分析总结神经元基本特性的基础上首先提出的 M—P 模型。该模型经过不断改进后,形成目前广泛应用的神经元模型。关于神经元的信息处

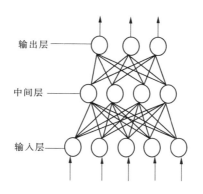

输出层 ——

中间层 ——

输入层 ——

**图 4.3.1　三层结构神经网络示意图**

理机制,该模型在简化的基础上提出了以下 6 点假定:

（1）每个神经元都是一个多输入单输出的信息处理单元;

（2）神经元输入分兴奋性输入和抑制性输入两种类型;

（3）神经元具有空间整合特性和阈值特性;

（4）神经元输入与输出间有固定的时滞,主要取决于触突延搁;

（5）忽略时间整合作用和不应期;

（6）神经元本身是非时变的,即其触突时延和触突强度均为常数。

　　显然,上述假定是对生物神经元信息处理过程的简化和概括,它清晰地描述了生物神经元信息处理的特点,而且便于进行形式化表达。上述假定可用图 4.3.2 中的神经元模型示意图进行图解表示。

　　图 4.3.2（a）表明,正如生物神经元有许多激励输入一样,人工神经元也应有许多的输入信号（图中每个输入的大小用 $x_i$ 表示）,它们同时输入神经元 $j$。生物神经元具有不同的触突性质和触突强度,其对输入的影响是使有些输入在神经元产生脉冲,即输出过程中所起的作用比另外一些输入更为重要。图 4.3.2（b）中

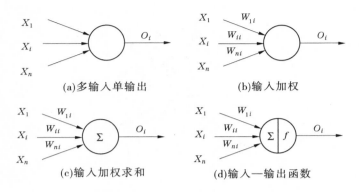

(a)多输入单输出  (b)输入加权

(c)输入加权求和  (d)输入—输出函数

**图 4.3.2　神经元模型示意图**

对神经元的每一个输入都有一个加权系数 $W_{ij}$（称为权重值），其正负模拟了生物神经元中触突的兴奋和抑制，其大小则代表了触突的不同连接强度。神经元作为人工神经网络的基本处理单元，必须对全部输入信号进行整合，以确定各类输入的作用总效果。图 4.3.2(c)表示组合输入信号的"总和值"，相应于生物神经元的膜电位。神经元激活与否取决于某一阈值电平，即只有当其输入总和超过阈值时，神经元才被激活而产生脉冲，否则神经元不会产生输出信号。人工神经元的输出也同生物神经元一样仅有一个，如用 $O_i$ 表示神经元输出，则输出与输入之间的对应关系可用图 4.3.2(d)中的某种函数来表示，这种函数一般都是非线性的。

### 4.3.1.4　神经元的数学模型

上述内容可用一个数学表达式进行抽象与概括。令 $X_i(t)$ 表示 $t$ 时刻神经元 $j$ 接收的来自神经元 $i$ 的输入信息，$O_j(t)$ 表示 $t$ 时刻神经元 $j$ 的输出信息，神经元 $j$ 的状态可表达为

$$O_j(t) = f\{[\sum_{i=1}^{n} W_{ij}x_i(t - \tau_{ij})] - T_j\} \qquad (4.3.1)$$

式中　$\tau_{ij}$——输入输出间的触突时延；

$T_j$——神经元 $j$ 的阈值;

$W_{ij}$——神经元 $i$ 到 $j$ 的触突连接系数(或称权重值)。

## 4.3.2　BP 算法

人工神经网络与生物神经网络的不同之处在于,生物神经网络是由数以亿计的生物神经元连接而成的,而人工神经网络限于物理实现的困难和为了计算简便,是由相对少量的模拟神经元按一定规律排序连接而成的。人工神经网络的模拟神经元常称为节点或处理单元,各节点均具有相同的结构,其动作在时间和空间上均同步。人工神经网络算法模型很多,下面介绍一种常用的网络算法,即 BP 算法。

BP 算法是一种由多层感知器(神经元)组成的误差反向传播算法,人们常把多层感知器称为 BP 网。

### 4.3.2.1　BP 算法的思路

BP 算法的思路是,学习过程由信号正向传播和误差反向传播两个相反方向的过程组成。正向传播时,样本从输入层传入,经隐层逐层处理后传向输出层;若输出层的实际输出值(教师信号)与期望输出值不符,则转入误差反向传播。误差反向传播是将输出误差以某种形式向隐层、输入层逐层反传,并将误差分摊给各层的所有单元,从而各层各单元将获得的误差信号作为修正各单元权值的依据。因此,BP 算法是一个信号正传,与误差反传的权值调整过程。此过程一直进行到网络输出误差降低到可以接受的程度,或进行到预先设定的学习次数为止。

### 4.3.2.2　BP 网络设计

由于三层 BP 网络是目前应用最广泛的一种网络,堆石土密度反演也准备用这种网络。因此,网络设计讨论以三层 BP 网络为例。三层 BP 网络的结构,包括一个输入层、一个隐层和一个输出层,如图 4.3.3 所示。

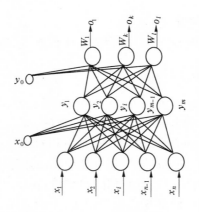

图 4.3.3 三层 BP 网络

三层 BP 网络中,输入向量为 $X = (x_1, x_2, \cdots, x_i, \cdots, x_n)^T$,图中 $x_0 = -1$ 是为隐层神经元引入阈值而设置的;隐层输出向量为 $Y = (y_1, y_2, \cdots, y_j, \cdots, y_m)^T$,图中 $y_0 = -1$ 是为输出层神经元引入阈值而设置的;输出层输出向量为 $O = (o_1, o_2, \cdots, o_k, \cdots, o_l)^T$;期望输出向量为 $d = (d_1, d_2, \cdots, d_k, \cdots, d_l)^T$。输入层到隐层之间的权值矩阵用 $V$ 表示,$V = (V_1, V_2, \cdots, V_j, \cdots, V_m)$,其中 $V_j = (v_{0j}, v_{1j}, v_{2j}, \cdots, v_{ij}, \cdots, v_{nj})$,$v_{0j}$ 为第 $j$ 个神经元的阈值;隐层到输出层之间的权值矩阵用 $W$ 表示,$W = (W_1, W_2, \cdots, W_k, \cdots, W_l)$,其中 $W_k = (\omega_{0k}, \omega_{1k}, \omega_{2k}, \cdots, \omega_{jk}, \cdots, \omega_{mk})$,$\omega_{0k}$ 为第 $k$ 个神经元的阈值。各层信号之间的数学关系如下。

对于输出层,有

$$o_k = f(net_k) \quad (k = 1, 2, \cdots, l)$$

$$net_k = \sum_{j=0}^{m} \omega_{jk} y_j \quad (k = 1, 2, \cdots, l)$$

对于隐层,有

$$y_j = f(net_j) \quad (j = 1, 2, \cdots, m)$$

$$net_j = \sum_{i=0}^{n} \omega_{jk} x_i \quad (j = 1, 2, \cdots, m)$$

以上两式中,变换函数 $f(x)$ 均为单极性 Sigmoid 函数

$$f(x) = \frac{1}{1 + e^{-x}}$$

$f(x)$ 具有连续、可导的特点,且有

$$f'(x) = f(x)[1 - f(x)]$$

当网络输出与期望输出不等时,存在输出误差 $E$,定义如下

$$E = \frac{1}{2}(d - O)^2$$
$$= \frac{1}{2}\sum_{k=1}^{l}(d_k - o_k)^2$$

将以上误差定义式展开至输入层,有

$$E = \frac{1}{2}\sum_{k=1}^{l}[d_k - f(net_k)]^2$$
$$= \frac{1}{2}\sum_{k=1}^{l}[d_k - f(\sum_{j=0}^{m}\omega_{jk}y_j)]^2$$
$$= \frac{1}{2}\sum_{k=1}^{l}\{d_k - f[\sum_{j=0}^{m}\omega_{jk}f(\sum_{i=0}^{n}v_{ij}x_i)]\}^2$$

由上式可以看出,网络输入误差是各层权值 $\omega_{jk}$、$v_{ij}$ 的函数,因此调整权值可改变误差 $E$。

显然,调整权值的原则是使误差不断地减小,因此应使权值的调整量与误差的梯度下降成正比,即

$$\Delta\omega_{jk} = -\eta\frac{\partial E}{\partial\omega_{jk}} \quad (j = 1, 2, \cdots, m; k = 1, 2, \cdots, l)$$

$$(4.3.2)$$

$$\Delta v_{ij} = -\eta\frac{\partial E}{\partial v_{ij}} \quad (i = 1, 2, \cdots, m; j = 1, 2, \cdots, l)$$

$$(4.3.3)$$

式中,常数 $\eta \in (0,1)$,表示比例系数,在训练中反映了学习速度。

综合式(4.3.2)、式(4.3.3)可写为

$$\Delta \omega_{jk} = -\eta \frac{\partial E}{\partial \omega_{jk}} = -\eta \frac{\partial E}{\partial net_k} \frac{\partial net_k}{\partial \omega_{jk}} = \eta \delta_k^0 y_j \quad (4.3.4)$$

$$\Delta v_{ij} = -\eta \frac{\partial E^*}{\partial v_{ij}} = -\eta \frac{\partial E}{\partial net_j} \frac{\partial net_j}{\partial v_{ij}} = \eta \delta_j^y x_i \quad (4.3.5)$$

式中,$\delta_k^0$ 与 $\delta_j^y$ 可展开为

$$\delta_k^0 = -\frac{\partial E}{\partial net_k} = -\frac{\partial E}{\partial o_k} \frac{\partial o_k}{\partial net_k} = -\frac{\partial E}{\partial o_k} f'(net_k) \quad (4.3.6)$$

$$\delta_j^y = -\frac{\partial E}{\partial net_j} = -\frac{\partial E}{\partial y_j} \frac{\partial y_j}{\partial net_j} = -\frac{\partial E}{\partial y_j} f'(net_j) \quad (4.3.7)$$

从而可得到

$$\frac{\partial E}{\partial o_k} = -(d_k - o_k) \quad (4.3.8)$$

$$\frac{\partial E}{\partial y_j} = -\sum_{k=1}^{l} (d_k - o_k) f'(net_k) \omega_{jk} \quad (4.3.9)$$

将以上结果代入式(4.3.6)与式(4.3.7)中,得

$$\delta_k^0 = (d_k - o_k) o_k (1 - o_k) \quad (4.3.10)$$

$$\delta_j^y = -\sum_{k=1}^{l} [(d_k - o_k) f'(net_k) \omega_{jk}] f'(net_j) = \left( \sum_{k=1}^{l} \delta_k^0 \omega_{jk} \right) y_j (1 - y_i)$$

$$(4.3.11)$$

将式(4.3.10)、式(4.3.11)分别代回式(4.3.4)与式(4.3.5)中,得到最终的三层 BP 算法的权值调整计算公式为

$$\Delta \omega_{jk} = \eta \delta_k^0 y_j = \eta (d_k - o_k) o_k (1 - o_k) y_j \quad (4.3.12)$$

$$\Delta v_{ij} = \eta \delta_j^y x_i = \eta \left( \sum_{k=1}^{l} \delta_k^0 \omega_{jk} \right) y_j (1 - y_j) x_i \quad (4.3.13)$$

输入参数应选取对输出影响大且能够检测或提取的变量,此外还要求各输入变量之间不相关或相关性很小。堆石体密度测试

中得到的数据参数一般包括刚度 $K(\mathrm{MN/m})$、参振质量 $m_0(\mathrm{kg})$、压板半径 $r(\mathrm{m})$、纵波波速 $V_\mathrm{P}(\mathrm{m/s})$、横波波速 $V_\mathrm{S}(\mathrm{m/s})$ 等。为了得到教师信号的输出,需要用坑测法测试出湿密度 $\rho_w(\mathrm{t/m^3})$、干密度 $\rho_0(\mathrm{t/m^3})$。根据理论与经验分析,刚度 $K$ 与参振质量 $m_0$ 对输出的密度影响最大,所以这两个参数是网络的必选参数,其他的参数可作为网络的附加参数。

为了网络训练,一开始就给各输入分量以同等重要地位,所以要对输入数据进行标准化。另外,Sigmoid 变换函数的输出为 0～1,所以还要对教师信号的输出数据进行标准化处理,最后计算应用时,再将网络输出的标准化数据变换成原来的形式。当输入或输出向量的各分量量纲不同时,应对不同的分量在其取值范围内分别进行变换;当各分量物理意义相同且为同一量纲时,应在整个数据范围内确定最大值 $x_{\max}$ 和最小值 $x_{\min}$,并进行统一的变换处理。

输入输出数据变化为 $[0,1]$ 区间的值常用以下变换式

$$\overline{x_i} = \frac{x_i - x_{\min}}{x_{\max} - x_{\min}} \tag{4.3.14}$$

隐节点的作用是从样本中提取并储存其内在的规律。隐节点数量太少,网络从样本中获取信息的能力就差,不足以概括和体现样本规律;隐节点数量过多,又可能把样本中非规律性的内容如噪声等也学会记牢,从而出现所谓的"过度吻合"问题。确定最佳隐节点数的一个常用方法是试凑法,式(4.3.15)计算出来的隐层节点数只是一种粗略的估计值,可作为试凑法的初始值:

$$m = \sqrt{n + l} + a \tag{4.3.15}$$

式中　　$m$——隐层节点数;

　　　　$n$——输入层节点数;

　　　　$l$——输出层节点数;

　　　　$a$——1～10 的常数。

根据以上原则,用 VB 编制出 BP 神经网络程序,运行时其可以根据需要设定输入层节点数、隐层节点数、输出层节点数,大大增加了计算的灵活性与多样性,从而为找到最优化的形式提供便利(最优化的形式包括最适合的输入参数、最适合的隐层节点数等)。程序初始运行时,隐层节点数初始化为 5,后面用到的 BP 神经网络都是在隐层节点数为 5 的基础上进行学习计算的。

程序的数据处理流程如图 4.3.4 所示。

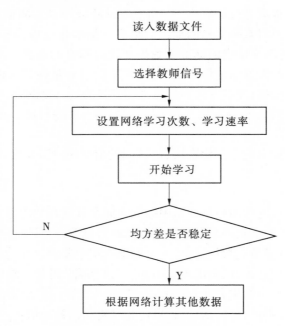

**图 4.3.4　程序的数据处理流程**

## 4.3.3　实例:PBG 堆石坝实例资料

表 4.3.1 中的 $K$、$m_0$ 为附加质量法得到的测点刚度及参振质

量,$\rho_W$ 为坑测法得到的堆石体湿密度;$\rho_{BP}$ 为通过 18 组教师训练后,由 BP 算法而得到的密度结果,与原坑测密度比较,标准差为 0.043 g/cm³。表 4.3.2 中序号 1~9 号点对应为利用 BP 算法学习计算的结果,序号 10~18 号点对应为学习后的计算结果,$\rho_{BP}$ 与 $\rho_W$ 的标准差为 0.047 g/cm³,较表 4.3.1 中密度的标准差稍大。随着训练、学习计算的点数增多(样本量的加大),计算输出的密度 $\rho_{BP}$ 的精度将逐步提高。

**表 4.3.1 18 组数据首先做教师信号,而后用 BP 网络计算并进行对比(一)**

| 序号 | 点号 | $K$ (MN/m) | $m_0$(kg) | $\rho_W$ (t/m³) | $\rho_{BP}$ (t/m³) | $\rho_{BP} - \rho_W$ (t/m³) |
|---|---|---|---|---|---|---|
| 1 | 8-1 | 86.1 | 665 | 2.09 | 2.08 | -0.01 |
| 2 | 8-3 | 2 59.6 | 2 043 | 2.12 | 2.10 | -0.02 |
| 3 | 8-4 | 144.0 | 954 | 2.05 | 2.10 | 0.05 |
| 4 | 8-5 | 527.2 | 4 669 | 2.11 | 2.10 | -0.01 |
| 5 | 8-6 | 156.8 | 1 065 | 2.12 | 2.10 | -0.02 |
| 6 | 8-7 | 209.8 | 1 152 | 2.14 | 2.14 | 0.00 |
| 7 | 8-8 | 308.4 | 2 860 | 2.11 | 2.07 | -0.04 |
| 8 | 8-9 | 168.3 | 966 | 2.12 | 2.12 | 0.00 |
| 9 | 8-10 | 155.5 | 858 | 2.15 | 2.12 | -0.03 |
| 10 | 8-11 | 217.3 | 1 464 | 2.09 | 2.12 | 0.03 |
| 11 | 8-12 | 154.9 | 774 | 2.14 | 2.12 | -0.02 |
| 12 | 9-1 | 156.8 | 1 329 | 2.08 | 2.08 | 0.00 |
| 13 | 9-2 | 295.0 | 2 806 | 2.06 | 2.07 | 0.01 |
| 14 | 9-4 | 199.4 | 2 038 | 1.97 | 2.05 | 0.08 |
| 15 | 10-1 | 178.7 | 1 887 | 2.07 | 2.05 | -0.02 |
| 16 | 10-2 | 179.6 | 1 630 | 1.96 | 2.07 | 0.11 |
| 17 | 10-3 | 150.9 | 1 528 | 2.07 | 2.06 | -0.01 |
| 18 | 10-4 | 196.8 | 1 985 | 2.11 | 2.06 | -0.05 |

注:$\rho_W$ 为坑测法得到的堆石体湿密度,$\rho_{BP}$ 标准差为 0.043 t/m³。

表4.3.2 18组数据首先做教师信号,而后用BP网络计算并进行对比(二)

| 序号 | 点号 | $K$ (MN/m) | $m_0$ (kg) | $\rho_W$ (t/m³) | $\rho_{BP}$ (t/m³) | $\rho_{BP} - \rho_W$ (t/m³) | 说明 |
|---|---|---|---|---|---|---|---|
| 1 | 8-1 | 86.1 | 665 | 2.09 | 2.10 | 0.01 | |
| 2 | 8-3 | 259.6 | 2 043 | 2.12 | 2.08 | -0.04 | |
| 3 | 8-4 | 144.0 | 954 | 2.05 | 2.09 | 0.04 | |
| 4 | 8-5 | 527.2 | 4 669 | 2.11 | 2.11 | 0.00 | |
| 5 | 8-6 | 156.8 | 1 065 | 2.12 | 2.09 | -0.03 | 学习 |
| 6 | 8-7 | 209.8 | 1 152 | 2.14 | 2.09 | -0.05 | |
| 7 | 8-8 | 308.4 | 2 860 | 2.11 | 2.07 | -0.04 | |
| 8 | 8-9 | 168.3 | 966 | 2.12 | 2.10 | -0.02 | |
| 9 | 8-10 | 155.5 | 858 | 2.15 | 2.10 | -0.05 | |
| 10 | 8-11 | 217.3 | 1 464 | 2.09 | 2.08 | -0.01 | |
| 11 | 8-12 | 154.9 | 774 | 2.14 | 2.10 | -0.04 | |
| 12 | 9-1 | 156.8 | 1 329 | 2.08 | 2.08 | 0.00 | |
| 13 | 9-2 | 295.0 | 2 806 | 2.06 | 2.07 | 0.01 | |
| 14 | 9-4 | 199.4 | 2 038 | 1.97 | 2.07 | 0.10 | 计算 |
| 15 | 10-1 | 178.7 | 1 887 | 2.07 | 2.07 | 0.00 | |
| 16 | 10-2 | 179.6 | 1 630 | 1.96 | 2.07 | 0.11 | |
| 17 | 10-3 | 150.9 | 1 528 | 2.07 | 2.07 | 0.00 | |
| 18 | 10-4 | 196.8 | 1 985 | 2.11 | 2.07 | -0.04 | |

注:$\rho_W$ 为坑测法得到的堆石体湿密度,$\rho_{BP}$标准差为0.047 t/m³。

# 4.4 量板法

## 4.4.1 原理方法

数学"场论",是指将每个点对应的物理量值的部分或全部空间称为一个确定的物理场。如果每个点所对应的物理量是数量(亦称标量),则称这个物理场为数量(或称标量)场;如果每个点对应的物理量是矢量,就称这个物理量为矢量场。一个三元函数 $u = u(x, y, z)$ 对应着一个三维场,一个二元函数对应着一个二维场。三维场中具有相同物理量 $u = u(x, y, z) = c$ 的无穷多个点就构成了这个物理场的等值面,这个等值面的物理量的值为 $c$;二维物理场中具有相同物理量 $u = u(x, y) = D$ 的点的连线称为这个物理场的等值线,这个等值线上的物理量的值为 $D$,二维场中可绘制一组 $D_1$、$D_2$、$\cdots$、$D_n$ 等值线。

如果将堆石土测点的 $K$、$m_0$、$\omega_0^{-2}$ 参数除以相应的坑测密度 $\rho$,可以得到含有密度信息的三个参数 $\dfrac{K}{\rho}$、$V_0$、$\dfrac{\omega_0^{-2}}{\rho}$,其中 $V_0 = \dfrac{m_0}{\rho}$ 为相应 $m_0$ 的体积。根据以上三组参数可以写出三个函数式:三个函数式对应着 $V_0$、$K$、$\omega_0^{-2}$ 三个物理场的等值线图,如图4.4.1所示。

$$V_0 = V_0(K, \omega_0^{-2}) \qquad (4.4.1)$$

$$K = K(V_0, \omega_0^{-2}) \qquad (4.4.2)$$

$$\omega_0^{-2} = \omega_0^{-2}(V_0, K) \qquad (4.4.3)$$

同一个等值线图中再输入一个含水率 $W(\%)$ 参数即可得到 $V_0$、$\omega_0^{-2}$、$K$、$W$ 双参数等值线图。图4.4.2即为某工程 $K$、$W$ 的双参数等值线图,为作图方便,图中含水率 $W(\%)$ 作了乘以100的处理。

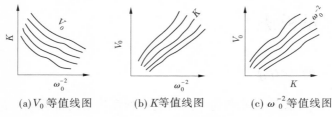

| (a) $V_0$ 等值线图 | (b) $K$ 等值线图 | (c) $\omega_0^{-2}$ 等值线图 |

**图 4.4.1　等值线图**

$K$、$V_0$、$\omega_0^{-2}$、$W$ 等值线图被称为密度量板。"量板"制作完毕之后即可以根据实测点 $K$、$\omega_0^{-2}$ 的数据很方便地查得 $m_0$ 相应的体积 $V_0$ 和含水率 $W(\%)$，密度的求解问题便全部得到解决。计算式为

湿密度：
$$\rho = \frac{m_0}{V_0}$$

干密度：
$$\rho_0 = \frac{\rho}{1+W}$$

## 4.4.2　几点说明

（1）密度量板是根据物理场理论，在已知密度（坑测）的前提下制作的一种堆石土动参数等值线图，是堆石土密度反演的一种工具。

（2）密度量板对应着一定容量的样本数据，由于样本容量的有限性、样本代表的局限性以及样本数据测量误差的客观性，用量板做反演亦会产生一定误差。但是，用样本数据中的 $K$、$m$、$\omega_0^{-2}$ 反演密度，其误差为 0，原因是用量板反演没有数学模型，因此不存在模型误差，这一点是量板法与其他反演方法相比的独优之处。

（3）采用量板做密度反演，其误差来源于两个方面：其一是量板数据的测量误差及量板的制作误差，其二是量板数据之外测点参数的测量误差。因此，欲保证反演精度，首先要保证量板数据和量板制作的精度，其次要保证欲反演测点的参数测量的精度。

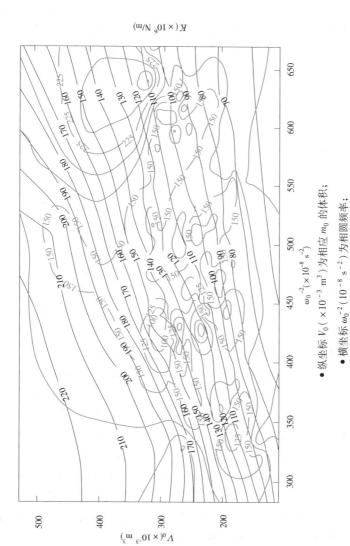

- 纵坐标 $V_0$（$\times 10^{-3}$ m³）为相应 $m_0$ 的体积；
- 横坐标 $\omega_0^{-2}$（$10^{-8}$ s$^{-2}$）为相应圆频率；
- 图中黑线为刚度 $K$（$\times 10^6$ N/m）等值线，红线为含水率 $W$（$\times 10^{-4}$）等值线

**图 4.4.2 某工程 $K$，$W$ 的双参数等值线图**

(4)密度量板与电测深量板不同。电测深量板是根据地电模型的地层厚度和相应的电阻率制作的视电阻率复合参数等值线图,是理论计算的等值线图;密度量板则是利用坑测密度及测点动参数实测值绘制的参数等值线图,因此是一种经验性的等值线图。

# 4.5  小  结

关于密度的反演问题,本章提出了解析法、相关法、神经网络法和量板法。下面作一小结。

## 4.5.1  解析法

解析法是根据弹性理论导出的密度与弹性模量、弹性波速度解析式来计算密度的。其理论是严格的(介质是完全弹性的),数学推导是严密的,密度与弹性模量及波速的关系是明确的函数关系;可以用弹性模量、波速参数代入密度式直接计算其密度,无须做任何率定工作,用于堆石体密度反演可以彻底摆脱坑测法的桎梏。但是,波速法密度式中密度是波速平方的函数,根据误差理论可知,仅波速对密度所造成的误差就为波速本身误差的 2 倍。在堆石体密度测试中因堆石体测点的波速测线长度受到很严格的限制,测线长度仅为 1 m 左右(等于检测层厚度),波速的相对误差常达 10% ~ 20%,故对密度所造成的误差可能达到 20% ~ 40%,这样大的误差在工程实际中是无法接受的。因此,解析法中的波速法在理论上虽然是最完善的,却是不可行的。

解析法中的衰减系数法,是建立在等效动能理论模型基础上的一种方法。由于衰减系数 $\beta$ 及波长 $\lambda$ 的测量比较困难,常常用坑测密度 $\rho$ 率定 $\beta$、$\lambda$,所以衰减系数法实为半经验方法,用这种方法反演密度可以避开波速测量对密度测量的影响。

## 4.5.2　相关法

相关法是利用动参数与坑测密度的相关关系反演密度的一种方法,有单参数相关和复参数相关,无论何种参数相关都需要拟合一定的数学模型或曲线。利用模型或曲线所反演的密度值,实际上是一种平均意义的密度值,很难给出测点的实际密度值,这是相关法固有的问题。

## 4.5.3　神经网络法

神经网络法是一种模拟人脑基本结构和某些功能的简化数学模型。它是由相对较少的神经元按一定规律排列连接而成的,神经网络不是人脑神经系统的写真和描绘。神经网络的算法很多,我们反演堆石体密度采用的是 BP 算法。BP 算法是一个输入信号正向传播误差、反向回馈的反复过程,此过程一直进行到输出结果的误差能够达到可以接受的程度为止。BP 算法在做反演计算之前必须经历一个学习训练过程,随着训练点数增多(样本容量加大),反演输出结果的精度增高。从列举的实例中可知神经网络法反演密度的结果,绝对误差一般可以控制在 $0.10$ g/cm$^3$ 以内,相对误差可以控制在 5% 以内。

## 4.5.4　量板法

密度反演的量板法是建立在二维数量场理论基础上的一种方法,它的表现形式是一种二维场的参数等值线图,根据 $K$、$\omega_0^{-2}$、$V_0$ 所组成的坐标系不同,可绘制 $K$、$\omega_0$、$V_0$ 三种等值线图。量板是依据样本数据中 $K$、$\omega_0$、$V_0$ 的经验关系制作的,没有数学模型。因此,这种方法反演的密度值,没有数学模型误差(用量板反演量板制作的样本中的任何一点的密度,其误差必为 0),只有数据模型(样本)误差。因此,只要量板的制作有足够的样本量,样本数据有足够的代表性,实测数据 $K$、$\omega_0$ 的精度不低于样本数据的精度,密度的反演精度就能够得到保证。据某堆石体工程 221 组对比资料(附加质量法密度与坑测密度对比)统计,相对误差小于 2% 的点数占总点数的 84%,相对误差小于 2.5% 的点数占总点数的 91.9%,相对误差小于 3% 的点数占总点数的 96%。

# 第5章 误差分析

## 5.1 误差理论要点

### 5.1.1 误差

在物理量的测量中,由于测量理论、方法、设备不完善,测量人员素质、测量环境影响,以及数据处理方法的问题,因此测量结果与被测物理量真实值之间往往存在着一定差异,这种差异称为误差。误差存在的客观性、必然性和普遍性已是不争的事实。有时,由于误差太大而又无法消除或减小,可以颠覆测量方法的可行性,因此对误差的研究、分析十分必要。为研究误差问题,首先将误差定义为

误差 = 测得值 - 真值

物理量的真值,只是一个理论值,大多情况下是不知道的。但在误差分析中不可避免地要用到"真值",因此从实用角度出发,在不同情况下有不同定义:

(1)理论真值——如三角形三内角之和为 $180°$,圆周角为 $360°$ 等。

(2)指定真值——如由国际或国家权威机构约定的真值,如规范中规定的值等。

(3)相对真值——如高等级测量结果的值等。

在堆石体密度检测中,常把坑测法测到的密度值作为相对准确值或相对真值。

## 5.1.2 误差分类

误差可按误差来源、误差性质、误差表示方法三个方面进行分类。

### 5.1.2.1 按误差来源分类

按误差来源分类,总误差包括模型误差、测量误差及数据处理误差,即

$$总误差 = 模型误差 + 测量误差 + 数据处理误差$$

总误差的组成见图5.1.1。

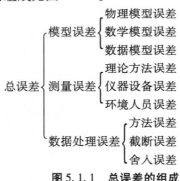

**图5.1.1 总误差的组成**

1. 模型误差

模型,是在一定条件下,对客观事物(原型)的高度抽象、科学提炼、简要概括,是事物运动规律的本质反映,是研究工作的有力工具。在模型化过程中,往往是在一些科学假定的基础上,舍弃事物的一些非本质的、次要的因素,保留并突出其本质的、主要的因素,这就使得模型与原型有一定的差异,这种差异就是模型误差。由于模型有物理模型、数学模型和数据模型等种类,所以模型误差也有与其相对应的种类。

1)物理模型误差

利用物理学的概念、理论,用科学抽象、提炼、概括的方法,突

出事物的本质的、主要的属性,舍弃事物的非本质和次要属性,而组成的事物的物理参数结构,就是事物的物理模型。由于模型中舍弃了一些东西,所以模型与原型(客观事物的实体)之间必然会有一定差异,这种物理模型与原型的差异就是物理模型误差。

例如,附加质量法的测振模型,就是物理学中的弹簧振子的线弹性振动模型。其测点的原型为堆石土,堆石土的结构是不均匀的、非完全弹性的、有一定形体的松散体,堆石体在其振动过程中一定有能量耗散。在模型化过程中,把它抽象为由一个质点、一根弹簧组成的弹簧振子,而且是无能量耗散的线弹性振动;舍弃了堆石土的非均匀、非完全弹性、能量耗散、非线性的属性。显然,模型与原型是有差异的,这种差异就是物理模型误差。模型化是否成功,要考察其是否经得起实践检验,试验的结果是:在低应变条件下,$\omega^{-2}$—$\Delta m$ 是一条直线,这就证明了模型化是成功的,但有误差也是肯定的。

2)数学模型误差

数学模型,是对客观事物的数学描述,是对客观事物本质抽象、概括的数学结构,其结构形式有数学式、算法以及图表等。由于在模型化的过程中,也要舍弃一些非本质的因素,因此模型与原型之间也会产生误差。

譬如,在附加质量法密度反演方法中的体积($V_0$)—质量($m_0$)相关法中,其数学模型为解析几何中的线性模型,用样本数据去拟合这个模型,从中求解模型系数 $a$ 和常数 $b$,得到的相关系数 $r$ 常常小于 1,这就说明线性模型与 $m_0$、$V_0$ 的实际关系还有一定差距,这种差距中就包含着数学模型误差。

3)数据模型误差

数据模型,是对客观事物数据特征、数据结构、数据分布的抽象和描述,统计学中的抽样样本误差就是一种数据模型误差,样本与总体的关系就是局部与总体的关系。由于模型与原型有一定差异,所以由局部估计总体,利用模型研究客观事物自然会带来一定的误差,这种误差就是数据模型误差。

不论什么模型,由于模型是原型的近似,故模型不完全等于原型,利用模型去研究原型不可避免地会带来误差。

2. 测量误差

测量误差,是在对原型的某参数测量中所产生的误差。这种误差中包含理论方法误差、仪器设备误差以及环境人员误差(人员素质、测量环境等各方面因素所造成的误差)。譬如,在附加质量法测量 $K$、$m_0$ 参数过程中,首先将测点的振动状态模型化为线弹性模型,并假定 $\omega^{-2}$—$\Delta m$ 为线性关系,而后采用在测点加上质量 $\Delta m$ 的办法,逐级测量 $\Delta m$ 相应的频率 $f$,并将 $\omega^{-2}$ 与 $\Delta m$ 作线性拟合,而后计算出 $K$、$m$。因此,$K$、$m_0$ 的测量误差包含着原型与线弹性模型的误差、$\omega^{-2}$—$\Delta m$ 线性拟合所产生的误差,以及仪器、$\Delta m$ 对测量的频率 $f$ 所产生的误差,还有操作人员、测量环境、电场、磁场、振动干扰等方面所造成的误差。在各种因素的误差中,有的是可控的,有的是不可控的,有的是理论和实际操作上有一定矛盾的。例如,附加质量 $\Delta m$ 的级数和大小,从理论上分析,$\Delta m$ 越大,相应的变形就越大,当 $\Delta m$ 超过一定限度时,振动体系就超越了线性变形的模型条件,这是不允许的。再者,$\Delta m$ 越大,分级越多,测试时间越长,这样就失去了附加质量法的意义,因为附加质量法的突出优势是"快"。因此,$\Delta m$ 大小与级数的选择要适当,既要保持测试精度,又要尽量减少 $\Delta m$ 的级数和大小。

3. 数据处理误差

数据处理,是对数据的分析提炼、整理、加工的技术过程。数据处理过程也是一个对数据进行去伪存真、去粗取精、由此及彼、由表及里的过程。数据处理需要用一定的方法,如比较法、类比法、相关法、模拟法、归一化法、有限化法、变量交换法,以及连续变量的函数化处理和模型化处理等。各种处理方法都会产生一定的误差,这种误差就是数据处理误差。

例如,对一个连续振动的时间域信号进行频谱分析时,必须经过采样、加窗,即经过连续信号离散化、无限信号有限化处理,如果处理不当就可能产生频率混叠和泄露,给主频的识别带来较大误差。再如,利用衰减系数法求解密度时,由于 $\dfrac{\beta}{\lambda} - m$ 曲线有一定拟合误差,亦会给密度求解带来一定误差。又如,在数据计算中,常常用舍入法对数据进行处理,舍入也会给数据带来一定误差。此外,数据进行连续计算时,也会产生计算传递误差。

### 5.1.2.2 按误差性质分类

误差按其性质不同可分为系统误差、随机误差和粗大误差。

1. 系统误差

系统误差是指在测量过程中,由于某些固定因素而引起的误差。

由理论、方法、仪器设备、人员素质等诸方面因素而引起的误差是系统误差。系统误差的特点是误差往往向一个方向偏离,多次测量的平均值不能消除;系统误差往往重复测量、重复出现。针对这个特性,如果我们能够找出系统误差产生的原因,采取适当措施可以全部或部分消除。

2. 随机误差

随机误差是指在多次测量过程中,测量结果时而偏大、时而偏小的误差,又称作偶然误差。

随机误差产生的原因,不外乎设备、环境、人员等几个方面。如仪器的稳定性、重复性不好,测量作业环境的温度、湿度、电磁场变化无常,振动干扰影响较大,观测人员的情绪不稳定、视线受某种因素干扰等。随机误差的大小、正负虽然无法掌握,但大量的观测数据却服从一定的统计规律,具有单峰性、对称性、有界性和抵偿性。

(1)单峰性——概率密度分布曲线呈单峰,且绝对值小的误

差出现的概率大于绝对值大的概率;

（2）对称性——绝对值相等的正负误差出现的概率相等,概率密度图对称;

（3）有界性——在一定条件下,误差的绝对值不会超过一定界限;

（4）抵偿性——随着测量次数的增加,误差的算术平均值趋向于零。

理论和实践证明,以上四个特征是随机误差正态分布的基本特征。大量的随机误差服从统计学中的正态分布规律。误差的概率密度函数及概率分布函数为式（5.1.1）和式（5.1.2）,误差 $\delta$ 的概率密度曲线及概率分布曲线如图 5.1.2 及图 5.1.3 所示。

$$f(\delta) = \frac{1}{\sigma\sqrt{2\pi}} \mathrm{e}^{\frac{-\delta^2}{(2\sigma)^2}} \qquad (5.1.1)$$

$$F(\delta) = \frac{1}{\sigma\sqrt{2\pi}} \int_{-\infty}^{\delta} \mathrm{e}^{\frac{-\delta^2}{(2\sigma)^2}} \mathrm{d}\delta \qquad (5.1.2)$$

其中,$\sigma$ 为标准差,$\sigma = \sqrt{\dfrac{\sum \delta^2}{n}}$;$\delta$ 为单点误差,$\delta$ = 实测值 - 平均值;e 为自然对数的底数。

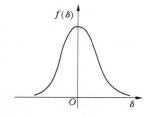 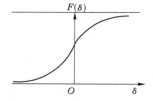

图 5.1.2　概率密度曲线　　图 5.1.3　概率分布曲线

当测量次数 $n \to \infty$ 时,$\dfrac{1}{n}\sum_{1}^{n}\delta \to 0$,此时测量结果的平均值趋于

真值。

### 3. 粗大误差

粗大误差属非正常误差,应剔除。粗大误差产生的主要原因是设备故障、环境意外、操作失误或其他预料不到的原因等。粗大误差是可以发现和避免的,下面介绍两种判别粗大误差的方法:

（1）$3\sigma$ 法——当测量次数 $n > 10$,残差的绝对值 $> 3\sigma$ 时,可以认为此次测量结果中含有粗大误差。

（2）$\omega_n\sigma$ 法——当某一次测量结果的误差绝对值大于 $\omega_n\sigma$ 时,可以认为该结果含有粗大误差。$\omega_n$ 是一个与样本量 $n$ 有关的系数,如表 5.1.1 所示。

**表 5.1.1　$\omega_n$、$n$ 对照表**

| $n$ | 5 | 6 | 7 | 8 | 9 | 10 | 11 | 12 | 13 |
|---|---|---|---|---|---|---|---|---|---|
| $\omega_n$ | 1.65 | 1.73 | 1.79 | 1.86 | 1.92 | 1.96 | 2.00 | 2.04 | 2.07 |
| $n$ | 14 | 15 | 16 | 17 | 18 | 19 | 20 | 22 | 24 |
| $\omega_n$ | 2.10 | 2.13 | 2.16 | 2.18 | 2.20 | 2.22 | 2.24 | 2.28 | 2.31 |
| $n$ | 26 | 28 | 30 | 35 | 40 | 50 | 60 | 80 | 100 |
| $\omega_n$ | 2.34 | 2.37 | 2.39 | 2.45 | 2.50 | 2.58 | 2.64 | 2.74 | 2.81 |

### 5.1.2.3　按误差表示方法分类

#### 1. 绝对误差

绝对误差计算式为

绝对误差 = 测试值 − 真值 ≈ 测试值 − 约定值(或相对真值)

绝对误差可能是正值或负值。

#### 2. 相对误差

相对误差计算式为

$$相对误差 = \frac{绝对误差}{真值} \approx \frac{绝对误差}{约定值(或相对真值)}$$

3. 残余误差

残余误差也称残差,计算式是各测量值与其算术平均值之差。在回归分析中,残差为实测值与拟合值之差。计算式为

残差 = 实测值 − 算术平均值

在回归分析中:

残差 = 实测值 − 拟合值(回归曲线值)

4. 样本误差

由样本估计总体而产生的误差为样本误差。样本误差产生的原因主要有三个方面:一是抽样没严格遵循随机原则;二是样本结构和总体结构有差异;三是样本量不足。

5. 样本标准差

标准差也称平方根误差、标准偏差,简称标准差。统计学上把样本方差 $s^2$ 的平方根叫作样本标准差,记为 $s$。设每个测量值为 $x_i$,测量次数为 $n$,$x_i$ 的算术平均值为 $\bar{x}$,则 $s$ 的计算式为

$$s = \sqrt{\frac{\sum_{i=1}^{n-1}(x_i - \bar{x})^2}{n-1}} \qquad (5.1.3)$$

6. 总体标准差

试验次数 $n$ 为无穷大时,称为总体标准差,记为 $\sigma$。$\sigma$ 的计算式为

$$\sigma = \sqrt{\frac{\sum(x_i - \bar{x})^2}{n}} \qquad (5.1.4)$$

7. 标准误差

各个误差平方和的平均值的开平方为标准误差 $\delta$。$\delta$ 的计算式为

$$\delta = \sqrt{\frac{\sum_{i=1}^{n}(x_i - x)^2}{n}} \qquad (5.1.5)$$

## 8. 平均误差

平均误差即误差 $(x_i - \bar{x})$ 绝对值的算术平均值 $\bar{\Delta}$。$\bar{\Delta}$ 的计算式为

$$\bar{\Delta} = \sum_{i=1}^{n} \frac{|x_i - \bar{x}|}{n} \qquad (5.1.6)$$

## 9. 概率误差

将数列的绝对误差按大小顺序排列,序列的中位数就是概率误差。概率误差的概率 $P$ 为

$$P(|a| \leqslant r) = \frac{1}{2} \qquad (5.1.7)$$

式中,$r$ 为概率误差;$|a|$ 为序列误差的绝对值。

## 10. 极限误差

极限误差是指单次测量结果或测量结果算术平均值的误差不超过某一特定概率值的误差。当测量次数足够多且为正态分布时,可用概率积分的办法求单次测量的极限误差。

由概率积分可知,随机误差概率密度正态分布曲线下的全部面积相当于全部误差出现的概率,即

$$P(\delta) = \frac{1}{\sigma\sqrt{2\pi}} \int_{-\delta}^{+\delta} e^{\frac{-\delta^2}{2\sigma^2}} d\delta = 1 \qquad (5.1.8)$$

随机误差在 $\pm\delta$ 范围内的概率 $P(\pm\delta)$ 为

$$P(\pm\delta) = \frac{1}{\sigma\sqrt{2\pi}} \int_{-\delta}^{+\delta} e^{\frac{-\delta^2}{2\sigma^2}} d\delta = \frac{2}{\sigma\sqrt{2\pi}} \int_{0}^{\delta} e^{\frac{-\delta^2}{2\sigma^2}} d\delta \qquad (5.1.9)$$

引入 $t = \dfrac{\delta}{\sigma}$ 变量,即 $|\delta| = t\sigma$,则

$$P(\pm\delta) = \frac{2}{\sqrt{2\pi}} \int_{0}^{t} e^{\frac{-t^2}{2}} dt = 2\Phi(t) \qquad (5.1.10)$$

$$\Phi(t) = \frac{1}{\sqrt{2\pi}} \int_{0}^{t} e^{\frac{-t^2}{2}} dt \qquad (5.1.11)$$

$\Phi(t)$ 称为概率积分函数,图 5.1.4 为误差 $\delta$ 的概率密度函数

$f(\delta)$的图像,其中阴影部分的面积为不同误差$|\delta|$对应的概率;
表 5.1.2 为 $t$、$|\delta|$、$\Phi(t)$ 对照表。

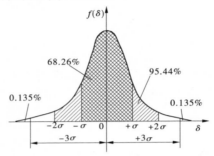

图 5.1.4　概率密度函数图

表 5.1.2　$t$、$|\delta|$、$\Phi(t)$ 对照表

| $t$ | $|\delta| = t\sigma$ | $2\Phi(t)$ |
|---|---|---|
| 1.00 | $1\sigma$ | 0.682 6 |
| 1.65 | $1.65\sigma$ | 0.900 0 |
| 1.96 | $1.96\sigma$ | 0.950 0 |
| 2.00 | $2\sigma$ | 0.954 4 |
| 3.00 | $3\sigma$ | 0.997 3 |
| 4.00 | $4\sigma$ | 0.999 9 |

概率统计中,把$|\delta| = t\sigma$称为测量结果的极限误差。若已知测量结果的$\delta$和控制系数$t$(置信水平、置信度或概率度),可由$|\delta| = t\sigma$求出其极限误差$|\delta|$。

11. 允许误差

允许误差是指规程规范中规定的许可误差值。例如:

(1)《土工试验规程》:

①SL 237—004—1999。密度试验:对于黏性土,方法为环刀法,密度计算至 0.01 g/cm³,本试验需经两次平行测定,其差值不

应大于 0.03 g/cm³。

②SL 237—041—1999。原位密度试验:利用灌砂法或灌水法,密度计算至 0.01 g/cm³,本试验需经两次平行测定,取其算术平均值。

(2)《碾压式土石坝施工规范》(DL/T 5129—2001):

14.4.10 对堆石料、砂砾料,按 14.4.3 规定取样,所测定的密度,平均值应不小于设计值,标准差应不大于 0.1 g/cm³。样本数量小于 20 组时,应按合格率不小于 90%,不合格干密度或压实度不得低于设计干密度和压实度的 98%。

14.4.6 第五款提出,堆石料现场密度检测,宜采用挖坑灌水法。

(3)《水利水电工程物探规程》(SL 236—2005):

①3.5.6 第 6 条第二款提出:在排列内相邻两道的纵波谐振时间应大于仪器可读时间精度的 5 倍。

②对于堆石体密度,采用附加质量法检测时,在堆石(土)相对均匀条件下,密度测试的相对误差应小于 5%。

12. 误差限

对误差的某种限制称为误差限。

如某量的准确值为 $X$,近似值为 $x$,绝对误差为 $\Delta x$,误差限(绝对误差限)为 $[\Delta x]$,相对误差限为 $[\delta_x]$。它们之间的相互关系为

$$\Delta x = |x - X| \leqslant [\Delta x]$$

$$\delta_x = \frac{\Delta x}{|X|} \leqslant [\delta_x]$$

## 5.1.3  误差的合成与分解

由各分项测量的误差求总误差的过程称为误差的合成,由总误差分配给各分项测量的误差的过程称为误差的分解。误差的分析与计算是一项非常复杂而重要的工作,因此应该采取慎重态度,

抓主舍次,删繁就简,以求计算简便、保证精度的效果。

### 5.1.3.1 函数误差

如果直接测量值 $x_1, x_2, \cdots, x_n$ 与间接测量值 $y$ 有如下函数关系

$$y = f(x_1, x_2, \cdots, x_n)$$

直接测量值的误差为 $\Delta x_1, \Delta x_2, \cdots, \Delta x_n$,间接测量的误差 $\Delta y$ 为函数的误差,函数 $y$ 的误差式称为误差函数。

$$\Delta y = f(\Delta x_1, \Delta x_2, \cdots, \Delta x_n)$$
$$y + \Delta y = f(x_1, x_2, \cdots, x_n) + f(\Delta x_1, \Delta x_2, \cdots, \Delta x_n)$$
$$= f(x_1 + \Delta x_1, x_2 + \Delta x_2, \cdots, x_n + \Delta x_n)$$

将上式在 $x_0 = 0$ 处展开为泰勒级数

$$y + \Delta y = f(x_1 + \Delta x_1, x_2 + \Delta x_2, \cdots, x_n + \Delta x_n)$$
$$= f(x_1, x_2, \cdots, x_n) + \left( \frac{\partial f}{\partial x_1} \Delta x_1 + \frac{\partial f}{\partial x_2} \Delta x_2 + \cdots + \frac{\partial f}{\partial x_n} \Delta x_n \right) +$$
$$\frac{1}{2!} \left[ \left( \frac{\partial^2 f}{\partial x_1^2} (\Delta x_1)^2 + \frac{\partial^2 f}{\partial x_2^2} (\Delta x_2)^2 + \cdots + \frac{\partial^2 f}{\partial x_n^2} (\Delta x_n)^2 \right] +$$
$$\frac{1}{2!} \left[ \frac{\partial f}{\partial x_1 \partial x_2} (\Delta x_1 \cdot \Delta x_2) + \frac{\partial f}{\partial x_1 \partial x_3} (\Delta x_1 \cdot \Delta x_3) + \cdots + \frac{\partial f}{\partial x_{n-1} \partial x_n} (\Delta x_{n-1} \cdot \Delta x_n) \right]$$

略去高阶无穷小量,得

$$y + \Delta y = f(x_1, x_2, \cdots, x_n) + \left( \frac{\partial f}{\partial x_1} \Delta x_1 + \frac{\partial f}{\partial x_2} \Delta x_2 + \cdots + \frac{\partial f}{\partial x_n} \Delta x_n \right)$$

所以

$$\Delta y = \frac{\partial f}{\partial x_1} \Delta x_1 + \frac{\partial f}{\partial x_2} \Delta x_2 + \cdots + \frac{\partial f}{\partial x_n} \Delta x_n$$

上式简化为

$$\Delta y = \sum_{i=1}^{n} \frac{\partial f}{\partial x_i} \Delta x_i$$

该式为误差传递的基本公式,是略去高次项之后的线性化公

式。式中, $\dfrac{\partial f}{\partial x_i}$ 为误差传递系数。由此可见, 误差的传递不仅与各分项测量误差有关, 还与误差传递系数有关。

### 5.1.3.2 系统误差的合成

1. 已定系统误差的合成

已定系统误差即误差的大小和方向均为已知的系统误差。

设 $\Delta y$ 为已定系统误差, $\Delta x_i$ 为分项的已定系统误差, 其误差合成式为

$$\Delta y = \sum_{i=1}^{n} (a_i \Delta x_i) \qquad (5.1.12)$$

即总系统误差为各分项已定系统误差的代数和。$a_i \Delta x_i$ 为分项系统误差。

2. 未定系统误差的合成

未定系统误差即误差的大小和方向均为未知, 只能估计出误差的一定范围。这种系统误差有一定的随机性。因此, 可以按照标准差和极限误差的合成处理。未定系统误差的标准差 $\sigma$ 为

$$\sigma = \sqrt{\sum_{i=1}^{n} (a_i \sigma_i)^2 + 2 \sum_{1 \leqslant i < j}^{n} (r_{ij} a_i a_j \sigma_i \sigma_j)} \qquad (5.1.13)$$

其中, $r_{ij}$ 为第 $i$ 个误差的相关系数; $a_i$、$a_j$ 分别为第 $i$、第 $j$ 个误差的传递系数, $\sigma_i$、$\sigma_j$ 分别为第 $i$、第 $j$ 个测量值的标准差。当 $r_{ij} = 0$ 时, 即为独立变量时, 有

$$\sigma = \sqrt{\sum_{i=1}^{n} (a_i \sigma_i)^2} \qquad (5.1.14)$$

3. 极限误差的合成

单项未定系统的极限误差 $e_i$ 为

$$e_i = \pm t_i \sigma_i \quad (i = 1, 2, \cdots, n)$$

总未定系统误差的极限误差 $e$ 为

$$e = \pm t \sqrt{\sum_{i=1}^{n} (a_i \sigma_i)^2 + 2 \sum_{1 \leqslant i < j}^{n} (r_{ij} a_i a_j \sigma_i \sigma_j)} \quad (5.1.15)$$

当各单项测量的未定系统误差服从正态分布且相互独立,即 $r_{ij} = 0$ 时,式(5.1.15)可化为

$$e = \pm t \sqrt{\sum_{i=1}^{n} (a_i \sigma_i)^2} \quad (5.1.16)$$

### 5.1.3.3 随机误差的合成

随机误差的合成包括标准差的合成及极限误差的合成。

1. 标准差的合成

标准差的合成式为

$$\sigma = \sqrt{\sum_{i=1}^{n} (a_i \sigma_i)^2 + 2 \sum_{1 \leqslant i < j}^{n} (r_{ij} a_i a_j \sigma_i \sigma_j)} \quad (5.1.17)$$

其中,$\sigma_1, \sigma_2, \cdots, \sigma_n$ 为各单项的标准差;$a_1, a_2, \cdots, a_n$ 为误差传递系数,$a_i = \dfrac{\partial f}{\partial x_i}$,或取经验值。

当 $r = 0$ 时

$$\sigma = \sqrt{\sum_{i=1}^{n} (a_i \sigma_i)^2} \quad (5.1.18)$$

当 $r = 0, a_i = 1$ 时

$$\sigma = \sqrt{\sum_{i=1}^{n} \sigma_i^2} \quad (5.1.19)$$

2. 极限误差的合成

(1)单项极限误差计算式为

$$\delta_i = k_i \sigma_i \quad (i = 1, 2, \cdots, n)$$

其中,$\sigma_i$ 为单项随机误差的标准差;$k_i$ 为单项极限误差的置信系数。

(2)合成极限误差计算式为

$$\delta = k \sigma$$

其中，$\sigma$ 为合成标准差；$k$ 为合成极限误差的置信系数。

（3）合成极限误差计算式为

$$\delta = k\sigma = k \sqrt{\sum_{i=1}^{n} \left( \frac{a_i \delta_i}{k_i} \right)^2 + 2\sum_{1 \leqslant i < j}^{n} \left( r_{ij} a_i a_j \frac{\delta_i}{k_i} \frac{\delta_j}{k_j} \right)}$$

（5.1.20）

当各单项随机误差为正态分布，且 $n$ 较大时，总误差亦接近正态分布，此时，$k_1 = k_2 = \cdots = k_n = k$，则

$$\delta = \sqrt{\sum_{i=1}^{n} (a_i \delta_i)^2 + 2\sum_{1 \leqslant i < j}^{n} (r_{ij} a_i a_j \delta_i \delta_j)}$$

（5.1.21）

当 $r_{ij} = 0, a_i = 1$ 时

$$\delta = \sqrt{\sum_{i=1}^{n} \delta_i^2}$$

（5.1.22）

即当各单项误差服从正态分布，且它们之间线性无关时，其合成误差为单项误差平方和的开平方。

### 5.1.3.4 系统误差与随机误差的合成

系统误差与随机误差的合成形式有两种：极限误差型合成和标准差型合成。

1. 极限误差型合成

假定测量过程中，有 $r$ 个已定系统误差，$s$ 个未定系统误差，$q$ 个随机误差，取各误差传递系数为 1，则总极限误差 $\Delta$ 为

$$\Delta = \sum_{i=1}^{r} \Delta_i \pm t \sqrt{\sum_{i=1}^{s} \left( \frac{e_i}{t_i} \right)^2 + \sum_{i=1}^{q} \left( \frac{\delta_i}{t_i} \right)^2 + R}$$

（5.1.23）

其中，$R$ 为各误差之间的协方差之和。

以上是对于单次测量情况。

对于 $n$ 次重复测量情况，由于随机误差具有抵偿性，而系统误差（包括未定系统误差）不存在抵偿性，故总误差中的随机误差项应除以重复测量次数 $n$，则总极限误差变为

$$\Delta = \pm \sqrt{\sum_{i=1}^{s} e_i^2 + \frac{1}{n} \sum_{i=1}^{q} \delta_i^2} \qquad (5.1.24)$$

2. 标准差型合成

用标准差表示系统误差与随机误差的合成,只需考虑未定系统误差与随机误差。

(1)对于单次测量情况。

假定有 $s$ 个单次测量的未定系统误差,$q$ 个单项随机误差,它们的标准差分别为

$$\mu_1, \mu_2, \cdots, \mu_s$$
$$\sigma_1, \sigma_2, \cdots, \sigma_s$$

若各误差的传递系数为1,则测量结果的总误差为

$$\sigma = \sqrt{\sum_{i=1}^{s} \mu_i^2 + \sum_{i=1}^{q} \sigma_i^2 + R} \qquad (5.1.25)$$

其中,$R$ 为各误差之间的协方差之和。

当各误差服从正态分布,且各误差互不相关时,测量结果的总标准差为

$$\sigma = \sqrt{\sum_{i=1}^{s} \mu_i^2 + \sum_{i=1}^{q} \sigma_i^2} \qquad (5.1.26)$$

(2)对于 $n$ 次重复测量情况。

由于随机误差间具有抵偿性,系统误差不存在抵偿性,总误差中的随机误差应除以 $n$:

$$\sigma = \pm \sqrt{\sum_{i=1}^{s} \mu_i^2 + \frac{1}{n} \sum_{i=1}^{q} \sigma_i^2} \qquad (5.1.27)$$

### 5.1.3.5 误差的分解

误差分解的任务是:在给定测量结果允许误差之后,合理确定各个单项误差。

在误差分解时,随机误差和未定系统误差同等看待。假定各误差因素均为随机误差,且互不相关,则有

$$\sigma_y = \sqrt{D_1^2 + D_2^2 + \cdots + D_n^2} \qquad (5.1.28)$$

其中, $D_i = \dfrac{\partial \delta}{\partial x_i} \sigma_i = a_i \sigma_i$, 称为部分误差或局部误差。

若给定 $\sigma_y$, 确定 $D_i$ 或相应的 $\sigma_i$, 使其满足式(5.1.29), 即称为误差的分解或误差的分配。

$$\sqrt{D_1^2 + D_2^2 + \cdots + D_n^2} \leq \sigma_y \qquad (5.1.29)$$

(1)按等影响原则分解,即

$$D_1 = D_2 = \cdots = D_n = \frac{\sigma_y}{\sqrt{n}}$$

故设
$$\sigma_i = \frac{\sigma_y}{\sqrt{n}} \frac{1}{\partial \delta / \partial x_i}$$

或用极限误差表示

$$\delta_i = \frac{\delta}{\sqrt{n}} \frac{1}{\partial \delta / \partial x_i} = \frac{\delta}{\sqrt{n}} \frac{1}{a_i}$$

其中, $\delta_i$ 为各单项极限误差; $\delta$ 为总极限误差。

(2)按具体情况适当调整误差分配:

对难度较大的测量项目,适当调大误差的分配比例,否则可适当调小误差分配比例。

# 5.2  附加质量法密度误差

由于附加质量法的密度测试工作是通过对介质模型的动参数 $K$、$m_0$ 的测量以及由 $K$、$m_0$ 到密度的转化工作而完成的,是一种间接测试手段,因此附加质量法密度误差包含着 $K$、$m_0$ 的测试误差、模型误差(包括物理、数学、数据模型)以及方法误差。其中,测试误差是指由振动模型频率测试误差导致 $K$、$m_0$ 的误差转嫁至密度 $\rho$ 的误差 $\Delta\rho$;模型误差即测点的质弹模型与原型的误差、样本(数据模型）与总体的误差;方法误差是由转化方法所导致的误差,即由 $K$、$m_0$ 转化为密度 $\rho$,必然要通过一定的转化方法,如解析法、相关法、量板法等。其中,测试误差中包含了测点原型与模型误差,所以

$$总误差 = 测试误差 + 方法误差 + 样本误差$$

## 5.2.1 单点测试的理论误差

### 5.2.1.1 密度误差

由密度定义出发,可以导出密度的理论误差式。

密度定义:物理学中将单位体积的物质质量定义为物质的密度。

设 $\rho$ 为物质的密度,$m$ 为物质的质量,$V$ 为相应 $m$ 的体积,则密度的计算式为

$$\rho = \frac{m}{V} = f(m, V) \qquad (5.2.1)$$

根据误差传递理论可以导出密度 $\rho$ 的绝对误差 $\Delta\rho$ 和相对误差 $\Delta\rho/\rho$ 的表达式

$$
\begin{aligned}
\Delta\rho &= \left|\frac{\partial}{\partial m}f(m, V)\right|\Delta m + \left|\frac{\partial}{\partial V}f(m, V)\right|\Delta V \\
&= \left|\frac{\partial}{\partial m}(mV^{-1})\right|\Delta m + \left|\frac{\partial}{\partial V}(mV^{-1})\right|\Delta V \\
&= \frac{\Delta m}{V} + \frac{\Delta V}{V}\frac{m}{V} = \frac{\Delta m}{V}\frac{m}{m} + \frac{\Delta V}{V}\frac{m}{V} \\
&= \left(\frac{\Delta m}{m} + \frac{\Delta V}{V}\right)\frac{m}{V} = \left(\frac{\Delta m}{m} + \frac{\Delta V}{V}\right)\rho
\end{aligned}
$$

$$\Delta\rho = \left(\frac{\Delta m}{m} + \frac{\Delta V}{V}\right)\rho \qquad (5.2.2)$$

$$\frac{\Delta\rho}{\rho} = \frac{\Delta m}{m} + \frac{\Delta V}{V} \qquad (5.2.3)$$

密度的相对误差等于其质量相对误差与体积相对误差之和。

### 5.2.1.2 密度误差与频率误差的关系

如果将式(5.2.1)中的 $m$、$V$ 分别用附加密度法中的 $m$、$V$ 代换,并利用 $K = \omega_0^2 m_0$ 的关系代入式(5.2.2)、式(5.2.3),可以导出密度误差与频率误差的关系:

$$\frac{\Delta \rho}{\rho} = \frac{\Delta m}{m_0} + \frac{\Delta V}{V} = \frac{\Delta m}{m_0} + \frac{\Delta V \rho}{V \rho} = \frac{\Delta m}{m_0} + \frac{\Delta m}{m_0} = 2\frac{\Delta m}{m_0}$$

将 $m_0 = K\omega_0^{-2}$,$\Delta m = K\Delta \omega_0^{-2}$ 代入上式得

$$\frac{\Delta \rho}{\rho} = 2\frac{\Delta \omega_0^{-2}}{\omega_0^{-2}}$$

由于 $\Delta \omega_0^{-2}$ 无法得到,姑且用残差平均值 $\overline{\Delta \omega^{-2}}$ 代替,则

$$\frac{\Delta \rho}{\rho} = 2\frac{\overline{\Delta \omega^{-2}}}{\omega_0^{-2}} \qquad (5.2.4)$$

$$\Delta \rho = 2\frac{\overline{\Delta \omega^{-2}}}{\omega_0^{-2}}\rho \qquad (5.2.5)$$

即密度的相对误差等于 $\omega_0^{-2}$ 相对误差 $\dfrac{\overline{\Delta \omega^{-2}}}{\omega_0^{-2}}$ 的 2 倍。

### 5.2.1.3 密度误差与 $\omega^{-2}$—$\Delta m$ 曲线相关系数 $r$ 的关系

由于附加质量法测点的模型为线弹性模型,即

$$K = \omega^2(m + \Delta m)$$
$$\omega^{-2} = \frac{1}{K}(m + \Delta m) \qquad (5.2.6)$$

在 $y = ax + b$ 线性模型中,一元线性回归理论给出相关系数 $r$ 与数组 $x_i$,$y_i$ 的关系为

$$r = \frac{L_{xy}}{\sqrt{L_{xx} \cdot L_{yy}}} \qquad (5.2.7)$$

其中,$L_{xy} = \sum_{i=1}^{n}(x_i - \bar{x})(y_i - \bar{y})$;$L_{xx} = \sum_{i=1}^{n}(x_i - \bar{x})^2$;$L_{yy} = \sum_{i=1}^{n}(y_i - \bar{y})^2$。

如果令 $x = \Delta m$，$y = \overline{\omega^{-2}}$，代入式（5.2.7），可以得 $L_{xy}$、$L_{xx}$、$L_{yy}$ 与 $\Delta \omega^{-2}$、$\overline{\omega_0^{-2}}$ 的关系，并令

$$r = \frac{L_{xy}}{\sqrt{L_{xx} \cdot L_{yy}}} = 1 - 2\eta \frac{\overline{\Delta \omega^{-2}}}{\overline{\omega^{-2}}}$$

利用式（5.2.4）关系，可得

$$r = 1 - \eta \frac{\Delta \rho}{\rho} \qquad (5.2.8)$$

如果系数 $\eta$ 已知，给定密度相对误差限 $\left(\dfrac{\Delta \rho}{\rho}\right)$，即可对 $\overline{\omega^{-2}}$—$\Delta m$ 曲线的相关系数 $r$ 提出相应的要求，借以控制附加质量法测振曲线的拟合度。

现以 N 堆石坝工程 2008 年 12 月所测 6 个点的资料为例，说明如何利用式（5.2.8）对现场测试工作进行控制。资料中，压板半径 $r$ 为 0.25 m，附加质量 $\Delta m = 80 \times 5$ kg，测试结果如表 5.2.1、图 5.2.1 所示。

表 5.2.1　测试结果误差计算表

| 点号 | $K$ ($\times 10^6$ N/m) | $m_0$ (kg) | $\overline{\omega^{-2}}$ ($\times 10^{-6}$ s²) | $\overline{\Delta \omega^{-2}}$ ($\times 10^{-6}$ N/m) | $\dfrac{\overline{\Delta \omega^{-2}}}{\overline{\omega^{-2}}}$ (%) | $\dfrac{\Delta \rho}{\rho}$ (%) | $r$ | $\rho$ (g/cm³) | $\Delta \rho$ (g/cm³) |
|---|---|---|---|---|---|---|---|---|---|
| $B_{1-10}$ | 108.3 | 489 | 6.733 | 0.223 | 3.31 | 6.81 | 0.972 4 | 2.07 | 0.141 |
| $B_{1-14}$ | 144.7 | 594 | 5.718 | 0.158 | 2.76 | 5.52 | 0.978 5 | 2.21 | 0.122 |
| $B_{24}$ | 141.7 | 697 | 6.613 | 0.126 | 1.91 | 3.82 | 0.984 6 | 2.22 | 0.085 |
| $B_{1-12}$ | 149.6 | 902 | 7.634 | 0.056 | 0.73 | 1.48 | 0.993 4 | 2.16 | 0.032 |
| $B_{1-11}$ | 108.8 | 698 | 8.622 | 0.047 | 0.55 | 1.10 | 0.998 3 | 2.18 | 0.024 |
| $B_{1-9}$ | 137.6 | 687 | 6.681 | 0.033 | 0.49 | 0.98 | 0.999 3 | 2.15 | 0.021 |

注：$\rho$ 为坑测密度，$\dfrac{\Delta \rho}{\rho} = 2 \dfrac{\overline{\Delta \omega^{-2}}}{\overline{\omega^{-2}}}$。

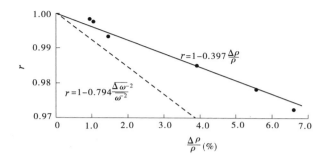

图 5.2.1   $r — \dfrac{\Delta\rho}{\rho}$ 相关关系图

从图 5.2.1 可以看出, $r$、$\dfrac{\Delta\rho}{\rho}$ 的关系与线性模型有较好的拟合,

为负线性相关,可表示为式(5.2.9);由于 $\dfrac{\Delta\rho}{\rho} = 2\,\dfrac{\overline{\Delta\omega^{-2}}}{\omega^{-2}}$,$r$ 与 $\dfrac{\overline{\Delta\omega^{-2}}}{\omega^{-2}}$

的关系可表示为式(5.2.10)。

$$r = 1 - 0.397\,\frac{\Delta\rho}{\rho} \qquad (5.2.9)$$

$$r = 1 - 2 \times 0.397\,\frac{\overline{\Delta\omega^{-2}}}{\omega^{-2}} = 1 - 0.794\,\frac{\overline{\Delta\omega^{-2}}}{\omega^{-2}} \quad (5.2.10)$$

根据 $r$ 与 $\dfrac{\Delta\rho}{\rho}$ 的关系,以及对误差 $\dfrac{\Delta\rho}{\rho}$ 的要求提出对 $r$ 的要求,从

而达到控制测试误差的目的。例如,欲要求 $\dfrac{\Delta\rho}{\rho} = 2.5\%$,代入

式(5.2.9)可求得 $r = 0.990$;欲要求 $\dfrac{\Delta\rho}{\rho} = 2.0\%$,则相关系数 $r$ 不

能小于 0.992。当然,由于 $\omega^{-2}$、$\Delta m$ 测试一般仅有 5～6 个点,作

$r — \dfrac{\Delta\rho}{\rho}$ 曲线的点数也只有几个点,对 $r$ 的估计控制只是粗略的。

## 5.2.2 反演方法误差

反演方法误差是指由 $K$、$m_0$ 求解密度 $\rho$ 时,由于求解方法不同而造成的误差。第 4 章曾经讨论了密度反演的 5 种方法,并分析波速法可能造成的相对误差为 20% ~ 40%,这样大的误差对工程检测毫无意义,故本章不再讨论波速法的误差问题。

表 5.2.2 中,以 TWH 堆石坝工程为例,将衰减系数法、相关法 ($m_0$ 与 $V_0$ 相关)、BP 神经网络法以及量板法的反演结果及坑测结果列入表中,以比较以上各种方法的反演结果及误差。比较的基础是,以坑测法密度为准确值(相对真值或约定真值),并选择湿密度指标作为对比对象。从表 5.2.2 中可以看出,4 种方法所解密度的平均绝对误差及标准差均小于 0.05 g/cm$^3$;量板法的还原误差为 0(采用量板制作的样本数据 $K$、$m_0$,反过来再利用该量板反演其密度,误差为 0),对于其他方法就不一定成立。量板法密度反演的还原误差为 0 的结果,给我们的启示是:量板法本身没有反演方法误差,只有样本误差和样本数据以外各点的测量误差,包括 $K$、$m_0$ 的测量误差和坑测法的密度测量误差。

## 5.2.3 样本(数据模型)误差

### 5.2.3.1 **总体、个体、样本**

总体:研究对象的全体,即图 5.2.2 大圆中的全部点的数据点,点数为 $N$。

个体:组成总体的各个基本单位,即图 5.2.2 中的 $a_i$、$A_i$ 数据。

样本:从总体中随机抽取的部分个体的集合,如图 5.2.2 中的小圆内的数据点数为 $n$。

表5.2.2 TWH堆石土密度各种求解方法的误差统计($n = 20$)

| $n$ | $K(\times 10^6\ \text{N/m})$ | $m_0(\text{kg})$ | 坑测 | | | $\rho_\beta$ | $\rho_{V_0}$ | $\rho_{BP}$ | $\rho_B$ | $\Delta\rho_\beta$ | $\Delta\rho_{V_0}$ | $\Delta\rho_{BP}$ | $\Delta\rho_B$ |
|---|---|---|---|---|---|---|---|---|---|---|---|---|---|
| | | | $\rho_W$ | $\rho_0$ | $W(\%)$ | | | | | | | | |
| 1 | 115 | 483 | 2.19 | 2.11 | 3.6 | 2.19 | 2.21 | 2.20 | 2.19 | 0 | +0.02 | +0.01 | 0 |
| 2 | 73 | 246 | 2.21 | 2.14 | 3.3 | 2.20 | 2.18 | 2.18 | 2.21 | -0.01 | -0.03 | -0.03 | 0 |
| 3 | 148 | 831 | 2.29 | 2.22 | 3.0 | 2.29 | 2.26 | 2.25 | 2.29 | 0 | -0.03 | -0.04 | 0 |
| 4 | 104 | 530 | 2.24 | 2.19 | 2.3 | 2.21 | 2.22 | 2.21 | 2.24 | -0.03 | -0.02 | -0.03 | 0 |
| 5 | 73 | 337 | 2.15 | 2.10 | 2.2 | 2.16 | 2.19 | 2.19 | 2.15 | +0.01 | +0.04 | +0.04 | 0 |
| 6 | 90 | 350 | 2.24 | 2.19 | 2.1 | 2.18 | 2.20 | 2.19 | 2.24 | -0.06 | -0.04 | -0.05 | 0 |
| 7 | 112 | 554 | 2.25 | 2.20 | 2.1 | 2.23 | 2.22 | 2.21 | 2.25 | -0.02 | -0.03 | -0.04 | 0 |
| 8 | 114 | 447 | 2.25 | 2.20 | 2.3 | 2.20 | 2.21 | 2.20 | 2.25 | -0.05 | -0.04 | -0.05 | 0 |
| 9 | 116 | 498 | 2.21 | 2.16 | 2.4 | 2.21 | 2.22 | 2.21 | 2.21 | 0 | +0.01 | 0 | 0 |
| 10 | 174 | 651 | 2.23 | 2.18 | 2.5 | 2.24 | 2.23 | 2.22 | 2.23 | +0.01 | 0 | -0.01 | 0 |
| 11 | 192 | 793 | 2.24 | 2.19 | 2.5 | 2.29 | 2.25 | 2.23 | 2.24 | +0.05 | +0.01 | 0 | 0 |
| 12 | 211 | 1 078 | 2.32 | 2.18 | 4.0 | 2.31 | 2.29 | 2.28 | 2.32 | -0.01 | -0.03 | -0.04 | 0 |

续表 5.2.2

| $n$ | $K(\times 10^6 \text{ N/m})$ | $m_0(\text{kg})$ | 实测 | | | $\rho_\beta$ | $\rho_{v_0}$ | $\rho_{\text{BP}}$ | $\rho_B$ | $\Delta\rho_\beta$ | $\Delta\rho_{v_0}$ | $\Delta\rho_{\text{BP}}$ | $\Delta\rho_B$ |
|---|---|---|---|---|---|---|---|---|---|---|---|---|---|
| | | | $\rho_W$ | $\rho_0$ | $W(\%)$ | | | | | | | | |
| 13 | 99 | 374 | 2.23 | 2.18 | 2.5 | 2.17 | 2.20 | 2.19 | 2.23 | -0.06 | -0.03 | -0.04 | 0 |
| 14 | 110 | 380 | 2.18 | 2.13 | 2.3 | 2.17 | 2.20 | 2.19 | 2.18 | -0.01 | +0.02 | +0.01 | 0 |
| 15 | 169 | 906 | 2.26 | 2.20 | 2.5 | 2.32 | 2.27 | 2.26 | 2.26 | +0.06 | +0.01 | 0 | 0 |
| 16 | 115 | 398 | 2.08 | 2.04 | 2.2 | 2.11 | 2.20 | 2.19 | 2.08 | +0.03 | +0.12 | +0.11 | 0 |
| 17 | 120 | 587 | 2.18 | 2.12 | 2.4 | 2.24 | 2.23 | 2.22 | 2.18 | +0.06 | +0.05 | +0.04 | 0 |
| 18 | 102 | 395 | 2.19 | 2.13 | 2.8 | 2.13 | 2.20 | 2.19 | 2.19 | -0.06 | +0.01 | 0 | 0 |
| 19 | 141 | 708 | 2.20 | 2.13 | 3.1 | 2.26 | 2.24 | 2.23 | 2.20 | +0.06 | +0.04 | 0.03 | 0 |
| 20 | 120 | 714 | 2.22 | 2.16 | 3.0 | 2.26 | 2.24 | 2.24 | 2.22 | +0.04 | +0.02 | +0.02 | 0 |
| $\sigma$ | | | | | | | | | | 0.041 1 | 0.028 5 | 0.030 8 | 0 |

注:$\rho_\beta$、$\rho_{v_0}$、$\rho_{\text{BP}}$、$\rho_B$ 分别为衰减系数法、相关法、BP 神经网络法、量板法的密度反演结果;$\Delta\rho$ 为相应的误差。

$$\rho_\beta = 10.186 \frac{\beta}{\lambda} m_0, \quad \sigma = \sqrt{\frac{\sum(\Delta\rho)^2}{n}}, \quad \rho \text{、} \Delta\rho \text{ 的单位均为 } 10^3 \text{ kg/m}^3 \text{。}$$

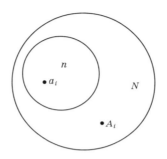

**图 5.2.2  总体、个体、样本
关系示意图**

总体与样本的关系：样本源于总体，总体包含样本；样本是随机的，总体是唯一的；样本一定程度上代表了总体，但又异于总体；抽取样本的目的在于利用样本信息估计总体，即由部分推断总体。所以，样本与总体的关系，就是局部与全部的关系。

由局部推断总体，是人们认识事物的基本方式之一，这种推断属于哲学中的逻辑推理。土工建筑工程的质量检测，如碾压堆石土坝的工程质量检测与控制就是采用抽取检测样本的办法对全部工程质量做出评估与推断的。

### 5.2.3.2  样本误差理论

样本误差亦称抽样误差，是指由于随机抽样的偶然因素使样本结构不足以代表总体结构，而引起的样本指标与总体指标的离差。所以，抽样误差是由于随机抽样引起的随机性误差。

1. 样本平均误差

抽样误差有大有小、有正有负，抽样平均误差就是将所有误差综合起来，求平均数。所以，抽样平均误差是反映抽样误差一般水平的指标，即抽样误差大，说明样本的代表性较低；抽样误差小，说明样本的代表性较高。

抽样平均误差是样本指标与总体之间的平均离差，用标准差表示。由于总体指标的平均值通常是未知的,实际工作中只能根据数理统计理论推导出来的公式计算抽样平均误差 $\mu_{\bar{x}}$,计算公式如下。

1)重复抽样

$$\mu_{\bar{x}} = \frac{\sigma}{\sqrt{n}} \qquad (5.2.11)$$

2)不重复抽样

$$\mu_{\bar{x}} = \frac{\sigma}{\sqrt{n}} \sqrt{\left(1 - \frac{n}{N}\right)} \qquad (5.2.12)$$

式中　$N$——总体容量或总体中个体的数量;

　　　$n$——样本容量;

　　　$\sigma$——总体标准差。

注意:在实际计算中,总体标准差 $\sigma$ 往往是未知的,可以用样本标准差 $s$ 代替。即

$$\mu_{\bar{x}} = \frac{\sigma}{\sqrt{n}} = \frac{s}{\sqrt{n}} \qquad (5.2.13)$$

$$s = \sqrt{\frac{\sum(x - \bar{x})^2}{n}} \quad (大样本,n \geqslant 30) \quad (5.2.14)$$

$$s = \sqrt{\frac{\sum(x - \bar{x})^2}{n - 1}} \quad (小样本,n < 30) \quad (5.2.15)$$

$\mu_{\bar{x}}$ 也可以用样本成数 $P$ 来表示,样本成数即样本中某一部分具有特殊属性的个体数占样本量的比值。例如,产品的合格率即为合格产品的样本成数。样本成数与样本的标准差 $\sigma$ 的关系为式(5.2.16)

$$\sigma^2 = P(1 - P) \qquad (5.2.16)$$

将其代入式(5.2.11)、式(5.2.12)可得抽样平均误差 $\mu_{\bar{x}}$ 的样本成数 $P$ 的表达式。

## 2. 抽样极限误差

抽样极限误差,是在一定概率下对应的抽样误差范围,或理解为一定概率下样本指标与总体指标之间误差的允许范围。如 $\Delta \bar{x}$ 为抽样极限误差,$\mu_{\bar{x}}$ 为抽样平均误差,则 $\Delta \bar{x}$ 与 $\mu_{\bar{x}}$ 的关系见式(5.2.17),$t$ 为抽样误差概率度。根据极限误差 $\Delta \bar{x}$ 及样本均值 $\bar{x}$ 可以给出

$$\Delta \bar{x} = t\mu_{\bar{x}} \qquad (5.2.17)$$

估计参数 $\bar{x}$ 的置信区间,即抽样误差的允许范围为

$$\bar{x} - \Delta \bar{x} \leqslant \bar{x} \leqslant \bar{x} + \Delta \bar{x}$$

一般来说,在样本容量一定的前提下,估计精度与置信度(置信区间的概率保证度)往往是矛盾的;若置信度增加,则区间必然增大,降低了估计的精度;若精度提高,则区间缩小,置信度必然降低。如果欲使估计的精度和置信度同时提高,就必须加大样本容量。

## 3. 样本误差与样本量的关系

对于简单随机的抽样,可以根据式(5.2.11)、式(5.2.12)、式(5.2.17)推出抽样平均误差 $\mu_{\bar{x}}$ 与抽样极限误差 $\Delta \bar{x}$、样本量 $n$、抽样误差概率度 $t$ 以及样本标准差 $\sigma_{\bar{x}}$(代替总体标准差)确定样本误差与样本量的关系为

$$\begin{cases} \Delta \bar{x} = t\sqrt{\dfrac{\sigma_{\bar{x}}^2}{n}} \quad (\text{重复抽样}) & (5.2.18) \\[3mm] \Delta \bar{x} = t\sqrt{\dfrac{\sigma_{\bar{x}}^2}{n}\left(1 - \dfrac{n}{N}\right)} \quad (\text{不重复抽样}) & (5.2.19) \end{cases}$$

$$\begin{cases} n = \dfrac{t^2 \sigma_{\bar{x}}^2}{\Delta \bar{x}^2} \quad (\text{重复抽样}) & (5.2.20) \\[5mm] n = \dfrac{t^2 \sigma_{\bar{x}}^2}{\Delta \bar{x}^2 + \dfrac{t^2 \sigma_{\bar{x}}^2}{N}} \quad (\text{不重复抽样}) & (5.2.21) \end{cases}$$

#### 5.2.3.3　实测样本误差

表 5.2.3 为根据 TWH 及 NZD 堆石坝工程实测资料计算样本误差的结果。

从表 5.2.3 中计算结果来看,抽样误差 $\mu_{\bar{x}}$ 随着样本量(测点)的增大而减小。当样本量分别为 20,53,96 时,样本误差占相应标准差的比例分别为 0.224,0.137,0.102。

**表 5.2.3　样本误差估算表**

| 工程 | 测点数 $n$ | 反演方法 | $\sigma_{\bar{x}}$ ( g/cm³ ) | $\mu_{\bar{x}}$ ( g/cm³ ) | $\mu_{\bar{x}}/\sigma_{\bar{x}}$ |
|---|---|---|---|---|---|
| TWH | 20 | 衰减系数法 | 0.041 1 | 0.009 19 | 0.224 |
| | | 相关法($m_0$ 与 $V_0$ 相关) | 0.028 5 | 0.006 37 | 0.224 |
| | | BP 神经网络法 | 0.030 8 | 0.006 89 | 0.224 |
| NZD | 53 | 量板法 | 0.037 5 | 0.005 15 | 0.137 |
| | 96 | | 0.027 3 | 0.002 79 | 0.102 |

**注**:表中样本平均误差根据 $\mu_{\bar{x}} = \dfrac{\sigma}{\sqrt{n}}$ 计算,$\sigma_{\bar{x}}$ 为样本标准差。

## 5.2.4　N 工程堆石体密度误差分析

前面对附加质量法中的测试误差、反演(方法)误差、样本误差作了分析,现以 N 工程为例,以坑测密度为准确值,分别对其绝对误差及相对误差进行分析,以说明附加质量法实测密度的精度水平。当然,其误差水平是针对该项具体工程所对应的测点而言的,现将 221 个点的附加质量法密度与坑测密度对比结果的相对误差的分布频率 $P$ 列于表 5.2.4,密度反演方法为量板法。

结果综评:从表 5.2.4 及图 5.2.3 中可以看出,N 工程堆石体密度附加质量法测试误差随着频率 $P$ 的提高而加大,即要求精度越高(误差越小),满足精度要求的点数越少,相应的频率越低。当$\delta \leqslant 2.5\%$时,$P$为92%,也就是说,还有8%的点不能满足$\delta \leqslant 2.5\%$的精度要求。

表5.2.4　N工程实测堆石体密度附加质量法检测结果相对误差统计表

| 年度 | $N_i$（测点数） | | $\delta_i$（%） | | | | | | | | |
|---|---|---|---|---|---|---|---|---|---|---|---|
| | | | 0.5 | 1.0 | 1.5 | 2.0 | 2.5 | 3.0 | 3.5 | 4.0 | 4.5 |
| 2010 | 97 | $n_i$ | 28 | 46 | 69 | 89 | 93 | 94 | 96 | 97 | |
| | | $P_i$（%） | 28.9 | 47.4 | 71.1 | 91.8 | 95.9 | 96.9 | 99 | 100 | |
| 2011 | 54 | $n_i$ | 10 | 25 | 37 | 41 | 46 | 49 | 51 | 52 | 54 |
| | | $P_i$（%） | 18.2 | 45.5 | 67.3 | 74.5 | 83.6 | 89 | 92.7 | 94.5 | 98.2 |
| 2012 | 70 | $n_i$ | 12 | 29 | 43 | 58 | 65 | 68 | 68 | 69 | 69 |
| | | $P_i$（%） | 17.7 | 41.4 | 61.4 | 82.9 | 92.9 | 97.1 | 97.1 | 98.6 | 98.6 |
| 2010～2012 | 221 | $n_i$ | 50 | 100 | 149 | 188 | 204 | 211 | 215 | 218 | 220 |
| | | $P_i$（%） | 22.5 | 45 | 65.8 | 84.7 | 91.9 | 95 | 96.8 | 98.2 | 99.1 |

注:1. $\delta_i$（%）为密度相对误差,密度反演方法为量板法;

　　2. $n_i$为密度相对误差$\leqslant \delta_i$的测点数;

　　3. $P_i$为密度相对误差$\leqslant \delta_i$的测点数占测点总数的百分数,即$P_i = \dfrac{n_i}{N_i}$（%）;

　　4. 以坑测密度值为准确值进行对比。

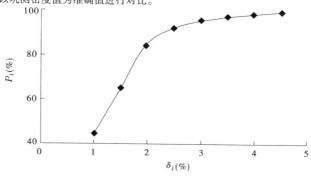

图5.2.3　N工程实测堆石体密度
相对误差$\delta_i$的频率$P_i$曲线

# 5.3 小 结

（1）附加质量法密度误差定义为附加质量法密度减坑测密度，其中包含动参数（$K$、$m_0$）测试误差、密度反演方法误差和样本误差。其中：

- 动参数测试误差主要来源于模型与原型的差异、振动信号测试误差、频谱分析中的数据处理误差及 $\omega^{-2}$—$\Delta m$ 曲线的线性拟合误差等。$\omega^{-2}$—$\Delta m$ 曲线的拟合度（相关系数）$r$ 与密度的相对误差 $\dfrac{\Delta\rho}{\rho}$、圆频率的相对误差 $\dfrac{\Delta\omega^{-2}}{\omega^{-2}}$ 的关系可表示为式（5.3.1）及式（5.3.2），$\eta$ 为率定系数，实例中 $\eta=0.397$。据此，可得

$$r = 1 - \eta\,\frac{\Delta\rho}{\rho} \tag{5.3.1}$$

$$r = 1 - 2\eta\,\frac{\Delta\omega^{-2}}{\omega^{-2}} \tag{5.3.2}$$

$$\frac{\Delta\rho}{\rho} = 2\,\frac{\Delta\omega^{-2}}{\omega^{-2}} \tag{5.3.3}$$

根据对 $\dfrac{\Delta\rho}{\rho}$ 的要求，可以提出对相关度（相关系数）$r$ 的控制要求，实例中表明，如要求 $\dfrac{\Delta\rho}{\rho}\leqslant 2.5\%$，就需要控制 $r\geqslant 0.99$。

- 密度反演方法误差：在解析法、相关法、BP 神经网络法以及量板法中，除量板法没有数学模型外，其余都有相应的数学模型，都存在模型误差，只有量板法没有模型误差。
- 样本误差：上述 4 种反演方法实际上除解析法中波速法不需要样本数据外，其余 3 种方法都需要一个已知样本数据集合，因此都有样本误差。降低样本误差的途径，一是要适当加大样本量，二是要提高样本个体数据的测量精度，三是提高样本数据结构的

代表性。

（2）附加质量法密度整体精度水平：从 N 工程堆石体密度检测的 221 个对比点（与坑测密度对比）的统计资料可以看出，相对误差 $\delta \leqslant 2.0\%$ , $\delta \leqslant 2.5\%$ , $\delta \leqslant 3.0\%$ 的点数占总点数的百分比分别为 84.7% , 91.9% , 95% 。详见表 5.2.4 及图 5.2.3。

（3）附加质量法密度误差是在以坑测密度为准确值的前提下讨论的，对于坑测法的误差水平，却无法评价。SL 237—041—1999 条文说明中称灌水法与灌砂法相比，有时差值（密度）达 $0.03 \ \mathrm{g/cm^3}$ 。由此可见，坑测法的误差亦不可小视。

# 第6章 问题探讨

众所周知,附加质量法测振的理论模型是弹簧振子,其动态特征是,频谱曲线为单峰, $\omega^{-2}$—$\Delta m$ 为直线。实际测线中却发现,某些测点的频谱曲线并非单峰, $\omega^{-2}$—$\Delta m$ 图像并非直线,即原型与模型有显著差异。因此,有必要对原型与模型不符问题加以探讨,以寻求 $K$、$m_0$ 的非线性模型求解办法。此外,介质弹性参数动静不一以及振动影响范围问题也是检测及工程应用中不可回避的问题。

## 6.1 模型弹簧的有效质量问题

所谓弹簧振动的有效质量,是指在一个弹簧质量不能忽略的振动体系中,将弹簧体系的质、弹分开,等效为一个无质量弹簧元件和一个无弹性质量元件所组成的振动体系——弹簧振子。那么,振子的质量即为弹簧的有效质量。

$$质量弹簧体系 \overset{等效}{=} 弹性元件 + 质量元件$$
$$( m_c、K ) \qquad ( K ) \qquad ( m_0 )$$

设弹簧实际质量为 $m_c$,有效质量为 $m_0$,$C$ 为有效质量系数,则

$$m_0 = Cm_c$$

即

$$C = \frac{m_0}{m_c}$$

对于 $C$,理论、解法不同,结果也不同,下面我们加以讨论。

## 6.1.1 单簧振动的机械能守恒解

设一个振动系统由一根弹簧和一个振子组成,如图6.1.1所示。其中,弹簧长度为 $L$ 、质量为 $m$ 、刚度为 $K$ ,振子质量为 $M$ ; $x$ 为振子振动的位移函数,弹簧总伸长为 $X$ 、单位长度质量为 $\dfrac{m}{L}$ ,振子的振动速度为 $V_A$ ,一段弹

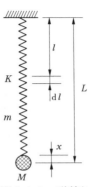

图6.1.1 弹簧振子示意图

簧 $l$ 的振动速度为 $V_l = \dfrac{V_A}{L}l$ ;系统的总机械能为 $E$ ,由振子动能 $E_d$ 、弹簧动能 $E_k$ 和弹簧势能 $E_s$ 三部分组成:

$$E_d = \frac{1}{2}MV_A^2$$

$$E_k = \int_0^L \mathrm{d}E_k = \int_0^L \frac{1}{2}\mathrm{d}mV_l^2 = \int_0^L \frac{1}{2}\frac{m}{L}\mathrm{d}l \cdot (\frac{V_A}{L}l)^2$$

$$= \frac{1}{2}\frac{m}{L^3}V_A^2\int_0^L l^2\,\mathrm{d}l = \frac{1}{6}mV_A^2$$

$$E_s = \frac{1}{2}Kx^2$$

$$E = E_d + E_k + E_s = \frac{1}{2}MV_A^2 + \frac{1}{6}mV_A^2 + \frac{1}{2}Kx^2$$

其中, $\mathrm{d}m = \dfrac{m}{L}\mathrm{d}l$ , $V_l^2 = (\dfrac{V_A}{L}l)^2$ 。

由于系统无能量耗散, 即

$$\frac{\mathrm{d}E}{\mathrm{d}t} = 0$$

$$\frac{\mathrm{d}E}{\mathrm{d}t} = \frac{\mathrm{d}}{\mathrm{d}t}\left(\frac{1}{2}MV_A^2 + \frac{1}{6}mV_A^2 + \frac{1}{2}Kx^2\right) = 0$$

$$\frac{d}{dt}\left(MV_A^2 + \frac{1}{3}mV_A^2 + Kx^2\right) = 0$$

$$\frac{d}{dt}\left(M\left(\frac{dx}{dt}\right)^2 + \frac{1}{3}m\left(\frac{dx}{dt}\right)^2 + Kx^2\right) = 0$$

$$M\frac{d}{dt}\left(\frac{dx}{dt}\right)^2 + \frac{1}{3}m\frac{d}{dt}\left(\frac{dx}{dt}\right)^2 + Kx\frac{dx}{dt} = 0$$

$$\frac{dx}{dt}\left(M\frac{d^2x}{dt^2} + \frac{1}{3}m\frac{d^2x}{dt^2} + Kx\right) = 0$$

$$M\frac{d^2x}{dt^2} + \frac{1}{3}m\frac{d^2x}{dt^2} + Kx = 0$$

$$\left(M + \frac{1}{3}m\right)\frac{d^2x}{dt^2} + Kx = 0$$

$$\frac{d^2x}{dt^2} = -\frac{K}{M + \frac{m}{3}}x$$

由于$\frac{d^2x}{dt^2} = -\omega x$($\omega$ 为系统振动的固有圆频率),故

$$\omega = -\frac{K}{M + \frac{m}{3}}$$

设弹簧 $m$ 的有效质量为 $m_0$,则

$$m_0 = \frac{1}{3}m$$

弹簧的有效质量系数

$$C = \frac{m_0}{m} = \frac{1}{3} \tag{6.1.1}$$

## 6.1.2 多簧串联的机械能守恒解

设系统由几根弹簧串联组成,每根弹簧的质量为 $m$,刚度为 $K$,长度为 $l$,任意时刻 $t$ 多簧连接处坐标为 $x_i$,$i$ 顺次为 $1,2,\cdots,n$,

质点 $M$ 的坐标为 $x_n$ ,如图 6.1.2 所示。根据机械能守恒定律可以导出串联弹簧系统的有效质量 $m_0$ 为

$$m_0 = \sum_{i=1}^{n} \frac{m_i}{x_i - x_{i-1}} \int_{i-1}^{i} \Big[ \frac{K_{i-1 \to n}}{K_{i \to i-1} + K_{i-1 \to n}} +$$

$$f_i(x) \Big( \frac{K_{i \to n}}{K_{1 \to i} + K_{i-1 \to n}} - \frac{K_{i-1 \to n}}{K_{1 \to i-1} + K_{i-1 \to n}} \Big) \Big]^2 \mathrm{d}x + M$$

其中 $f_i(x)$ 为第 $i$ 根弹簧 $t$ 时刻的形状函数,其他符号的意义如图 6.1.2 所示。

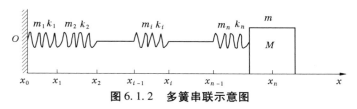

图 6.1.2　多簧串联示意图

由于均匀拉伸情况下的形状函数 $f_i(x) = \dfrac{x - x_{i-1}}{x_i - x_{i-1}}$ ,故有效质量为

$$m_0 = \sum_{i=1}^{n} \frac{m_i}{x_i - x_{i-1}} \int_{i-1}^{i} \Big[ \frac{K_{i-1 \to n}}{K_{i \to i-1} + K_{i-1 \to n}} + \frac{x - x_{i-1}}{x_i - x_{i-1}}$$

$$\Big( \frac{K_{i \to n}}{K_{1 \to i} + K_{i-1 \to n}} - \frac{K_{i-1 \to n}}{K_{1 \to i-1} + K_{i-1 \to n}} \Big) \Big]^2 \mathrm{d}x + M$$

空簧的 $m_0$ 计算式为将 $M = 0$ 代入上式即可,并据此可以导出 1 根、2 根及 3 根弹簧串联的有效质量计算式,为

$$m_{01} = \frac{m_1}{3}$$

$$m_{02} = \frac{m_1}{3} \Big( \frac{k_2}{k_1 + k_2} \Big)^2 + \frac{m_2}{(k_1 + k_2)^2} \Big( k_2^2 + \frac{1}{3} k_1^2 + k_1 k_2 \Big)$$

$$m_{03} = \frac{m_1}{3}\left(\frac{k_2k_3}{k_1k_2 + k_2k_3 + k_1k_3}\right)^2 +$$

$$\frac{m_2}{(k_1k_2 + k_2k_3 + k_1k_3)^2}\left(k_2^2k_3^2 + \frac{1}{3}k_1^2k_3^2 + k_1k_2k_3^2\right) +$$

$$\frac{m_3}{(k_1k_2 + k_2k_3 + k_1k_3)^2}\left[(k_2k_3 + k_1k_3)^2 + \frac{1}{3}k_1^2k_2^2 + k_1^2k_2k_3 + k_2^2k_1k_3\right]$$

其中，$m_{01}$、$m_{02}$、$m_{03}$ 分别为 1 根、2 根及 3 根弹簧串联的有效质量。

如果 $k_1 = k_2 = k_3 = k$，$m_1 = m_2 = m_3 = m_c$，则上述有效质量式可化简为

$$m_{01} = \frac{m_1}{3}$$

$$m_{02} = \frac{1}{3}(m_1 + m_2) = \frac{1}{3}m_{1+2}$$

$$m_{03} = \frac{1}{3}(m_1 + m_2 + m_3) = \frac{1}{3}m_{1+2+3}$$

由此可以推论，多簧串联的有效质量 $m_0$ 等于多簧质量之和 $m$ 的 $\frac{1}{3}$，即有效质量系数为

$$C = \frac{m_0}{m} = \frac{1}{3} \quad (m = \sum_{i=1}^{n} m_i) \tag{6.1.2}$$

## 6.1.3 弹簧非均匀变形解

设某时刻质点 $M$ 离开其平衡位置的位移为 $x_M$，速度为 $v_M$，加速度为 $a_M$；而平衡位置距 $O$ 点 $l$ 的一小段弹簧 $\mathrm{d}l$ 离开其平衡位置的位移为 $x$，速度为 $v$，加速度为 $a$。由于所有质点的振动都同相，则有

$$\frac{a}{a_M} = \frac{v}{v_M} = \frac{x}{x_M}$$

非均匀弹簧体系如图 6.1.3 所示。

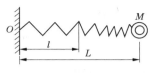

**图 6.1.3　非均匀弹簧体系**

又由于每一段弹簧离开平衡位置的位移都等于它左侧所有小段的伸长量之和,则 $O$ 点为 $l$ 的一小段弹簧 $\mathrm{d}l$ 的伸长量为 $\mathrm{d}x$,劲度系数为 $\dfrac{kL}{\mathrm{d}l}$,则弹力为 $\dfrac{kL\mathrm{d}x}{\mathrm{d}l}$,质量为 $\dfrac{m\mathrm{d}l}{L}$。与其相邻小段弹簧的弹力差,所受合力为 $f = \mathrm{d}\left(\dfrac{kL\mathrm{d}x}{\mathrm{d}l}\right) = \dfrac{am\mathrm{d}l}{L} = \dfrac{a_M x m\mathrm{d}l}{x_M L}$。化简可得

$$\frac{\mathrm{d}^2 x}{\mathrm{d}l^2} = \frac{a_M m}{x_M k L^2} x$$

由于 $M$ 物体振动时的 $a_M$ 与 $x_M$ 反向,即 $\dfrac{a_M}{x_M}$ 为负值,则根据常微分方程的理论,上述微分方程的解可写作

$$x = A\sin\left(\sqrt{-\frac{a_M m}{x_M k L^2}}\, l + \theta\right)$$

其中,$A$ 为与 $M$ 离开平衡位置的位移有关的变量,由于 $O$ 点附近的质元离其平衡位置的位移趋向于 $0$,可得 $\theta = 0$。即

$$x = A\sin\sqrt{-\frac{a_M m}{x_M k L^2}}\, l$$

则每一小段弹簧的型变量为

$$\mathrm{d}x = A\sqrt{-\frac{a_M m}{x_M k L^2}}\cdot\cos\sqrt{-\frac{a_M m}{x_M k L^2}}\, l\,\mathrm{d}l$$

相应的小段弹簧弹力为

$$F = \frac{\mathrm{d}x k l}{\mathrm{d}l} = A\sqrt{-\frac{a_M m k}{x_M}}\cdot\cos\sqrt{-\frac{a_M m}{x_M k}} = Ma_M$$

对于连接 $M$ 物体的那小段弹簧，$l = L$，代入上式得

$$F = A\sqrt{-\frac{a_M m k}{x_M}} \cdot \cos\sqrt{-\frac{a_M m}{x_M k}} = Ma_M$$

当 $M = 0$ 时，即没有物体 $M$ 时

$$F = 0$$

由上式得

$$\sqrt{-\frac{a_M m}{x_M k}} = \frac{\pi}{2}$$

$$a_M = -\frac{\pi^2 k}{4m}x_M = -\omega_0^2 x_M$$

由于 $\omega_0^2 = \dfrac{k}{m_0}$（$M = 0$ 时），代入上式得 $\dfrac{\pi^2}{4m} = \dfrac{1}{m_0}$，故

$$C = \frac{m_0}{m} = \frac{4}{\pi^2} = 0.405\,3 \approx \frac{1}{2.5} \tag{6.1.3}$$

## 6.1.4 驻波解

设一根弹簧一端固定、一端自由，如图 6.1.4 所示，长度为 $L$，质量为 $m$，劲度系数为 $k$；另有一根弹簧很长，质量均匀分布，单位长度质量 $\eta = \dfrac{m}{L}$，与上根弹簧相同，劲度（刚度）系数亦为 $k$。让这根长弹簧两端以相同的振幅和频率振动，稳定后必形成驻波；调节波源频率，使弹簧波长恰好为小弹簧长度的 4 倍，即 $\lambda = 4L$，相邻波腹与波节的距离恰为短簧的长度 $L$，如图 6.1.5 所示。

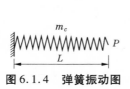

图 6.1.4　弹簧振动图

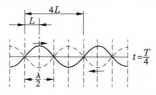

图 6.1.5　弹簧振动波形图

根据一维固体弹性理论,其纵波速度 $V_P$ 与弹性模量 $E$、介质密度、刚度 $k$、截面面积 $A$、弹簧质量 $m$、波长 $\lambda$、固有周期 $T$、截面应力 $\sigma$、应变 $\varepsilon$、弹性力 $P$、变形 $s$ 等参数有下列关系:

$$V_P = \sqrt{\frac{E}{\rho}} \qquad\qquad (6.1.4)$$

$$E = \frac{\sigma}{\varepsilon}$$

$$\varepsilon = \frac{s}{L}$$

$$\rho = \frac{m}{LA}$$

$$E = \frac{\sigma}{\varepsilon} = \frac{pL}{As} = k\frac{L}{A} \quad \left(\because k = \frac{p}{s}\right)$$

将 $E$、$\rho$ 关系代入式(6.1.4)得

$$V_P = \sqrt{k\frac{L^2}{m}}$$

欲使弹簧振动的波长 $\lambda = 4L$,则其固有周期应为

$$T = \frac{\lambda}{V_P} = \frac{4L}{\sqrt{k\dfrac{L^2}{m}}} = 4\sqrt{\frac{m}{k}} \qquad\qquad (6.1.5)$$

$$f = \frac{1}{T} = \frac{1}{4}\sqrt{\frac{k}{m}}$$

$$\omega = 2\pi f = \frac{2\pi}{4}\sqrt{\frac{k}{m}} = \frac{\pi}{2}\sqrt{\frac{k}{m}}$$

$$\omega^2 = \frac{\pi^2}{4}\frac{k}{m}$$

$$m = \frac{\pi^2}{4}\frac{k}{\omega^2} \qquad\qquad (6.1.6)$$

当 $\Delta m = 0$ 时,$m = m_0 + \Delta m = m_0 + 0 = m_0$,则

$$k = \omega^2 m_0$$

$$m_0 = \frac{k}{\omega^2}$$

将 $m_0 = \frac{k}{\omega^2}$ 代入式(6.1.6)得

$$m = \frac{\pi^2}{4} m_0$$

故

$$C = \frac{m_0}{m} = \frac{4}{\pi^2} = 0.405\ 3 \approx \frac{1}{2.5} \qquad (6.1.7)$$

## 6.1.5 串联弹簧累计变形解

(1)串联弹簧的刚度 $K$。

设由刚度为 $k_1, k_2, \cdots, k_n$ 的 $n$ 个弹簧
串联,串联后的刚度 $K$ 如图 6.1.6 所示。

$$\frac{1}{K} = \frac{1}{k_1} + \frac{1}{k_2} + \cdots + \frac{1}{k_n}$$

如果 $k_1 = k_2 = \cdots = k_n = k$,则

$$\frac{1}{K} = n\frac{1}{k}$$

即

$$K = \frac{1}{n}k$$

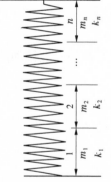

图 6.1.6　**串形弹簧图**

(2)串联弹簧的总变形 $X$。

设 $m_i$ 为各段弹簧的质量,$M$ 为串联
弹簧的总质量;$\Delta x_i$ 为各段弹簧在自重 $m_i g$ 作用下的变形;$X$ 为串
联弹簧在自重 $Mg$ 作用下的总变形。

如果 $m_1 = m_2 = \cdots = m_n = m$,则

$$\Delta x_1 = \frac{1}{k}mg$$

$$\Delta x_2 = 2 \frac{1}{k} mg$$

$$\vdots$$

$$\Delta x_n = n \frac{1}{k} mg$$

$$M = \sum_{i=1}^{n} m_i = nm$$

总变形 $X = \sum_{i=1}^{n} \Delta x_i = (1 + 2 + \cdots + n) \frac{m}{k} g$

$$= \frac{1}{2} (1 + n) n \frac{m}{k} g = \frac{1}{2} (1 + n) \frac{M}{k} g$$

（3）串联弹簧的有效质量 $m_0$。

因为 $k = nK$，所以

$$X = \frac{1}{2} (1 + n) \frac{M}{k} g = \frac{1}{2} (1 + n) \frac{1}{n} \frac{M}{K} g$$

$$K = \frac{1}{2} (1 + n) \frac{1}{n} \frac{Mg}{X}$$

又因有效质量 $m_0$ 相应的重力为 $m_0 g$，所以有

$$K = \frac{m_0 g}{X}$$

$$\frac{m_0 g}{X} = \frac{1}{2} (1 + n) \frac{1}{n} \frac{Mg}{X}$$

$$m_0 = \frac{1}{2} (1 + n) \frac{1}{n} M = \frac{1}{2} M \quad (n \rightarrow \infty)$$

$$C = \frac{m_0}{M} = \frac{1}{2} \quad\quad\quad\quad (6.1.8)$$

即串联弹簧的有效质量为弹簧总质量的 $\frac{1}{2}$，有效质量系数

$C = \frac{1}{2}$。

## 6.1.6 力平衡方程解

文献[44]根据弹簧系统振动的弹性力与惯性力平衡理论,导出弹簧的有效质量系数为

$$C = \frac{K}{m_c} \cdot \frac{1}{\omega^2} - \frac{m}{m_c} = \frac{1}{x^2} - \frac{m}{m_c} \qquad (6.1.9)$$

其中,$\omega = \sqrt{\dfrac{m + m_0}{K}} = \sqrt{\dfrac{m + Cm_c}{K}}$;$x = \omega \left(\dfrac{m_c}{K}\right)^{\frac{1}{2}}$;$\cot x = \dfrac{m}{m_c}x$;$m$ 为附加质量(外加质量);$m_0$ 为有效质量(弹簧);$m_c$ 为弹簧自身质量;$C$ 为弹簧有效质量系数,$C = \dfrac{m_0}{m_c} = \left(\dfrac{1}{3} \sim \dfrac{4}{\pi^2}\right)$,其中:当 $m \gg m_c$ 时,$x$ 甚小,$\cot x = \dfrac{1}{x} - \dfrac{x}{3} = \dfrac{m}{m_c}x$,即 $\dfrac{1}{x^2} - \dfrac{m}{m_c} = \dfrac{1}{3}$,$C = \dfrac{1}{3}$;当 $m \ll m_c$ 时,$\dfrac{m}{m_c} \approx 0$,$x = \dfrac{\pi}{2}$;$C = \dfrac{1}{x^2} - \dfrac{m}{m_c} = \dfrac{4}{\pi^2} \approx 0.405\ 3$。

## 6.1.7 等效动能解

文献[45]根据弹簧振动体系的总体动能等于部分动能之和的原理,导出了线性弹簧、非线性弹簧以及串联弹簧系统的等效质量系数式。

### 6.1.7.1 线性弹簧

所谓等效动能,是指连续的有质量弹簧振动的动能,等效于一个集中质量 $m_0$ 所组成的振子系统的振动动能。

1. 分割求合法

如图 6.1.7 所示,系统的弹簧长度为 $l$、弹簧的质量为 $m_c$,振子的运动速度为 $V$。将弹簧分成 4 段,每段长度为 $\dfrac{l}{4}$,相应质量为 $m_i$,从弹簧的固定端算起,各分割点的累计长度分别为 $\dfrac{l}{4}$、$\dfrac{2l}{4}$、

$\dfrac{3l}{4}$、$\dfrac{4l}{4}$，第 $i$ 段弹簧的动能 $E_i = \dfrac{1}{2}m_i v_i^2$，弹簧的总动能 $E_d$ 为

$$E_d = \sum_{i=1}^{4} \frac{1}{2} m_i v_i^2 \qquad (6.1.10)$$

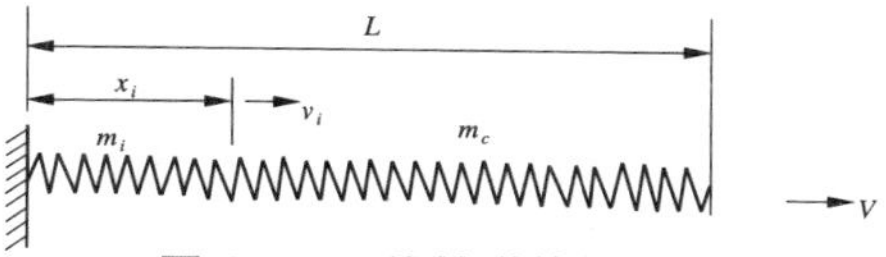

图 6.1.7　线性弹簧体系图

将 $m_i = \dfrac{m_c}{4}$，$v_i = \dfrac{x_i}{l}V$，$x_i = \dfrac{i}{4}l$ 代入式（6.1.10），得

$$E_d = \sum_{i=1}^{4} \frac{1}{2}\frac{m_c}{4}(\frac{x_i}{l}V)^2 = \sum_{i=1}^{4} \frac{1}{2}\frac{m_c}{4}\frac{i^2 l^2}{4^2 l^2}V^2 = \sum_{i=1}^{4} \frac{1}{2}(\frac{i^2}{4^3}m_c)V^2$$

如将弹簧分成 $n$ 段，上式则变为

$$E_d = \sum_{i=1}^{n} \frac{1}{2}(\frac{i^2}{n^3}m_c)V^2 \qquad (6.1.11)$$

其中，$\sum\limits_{i=1}^{n} i^2$ 是一个阿基米德数列，即

$$\sum_{i=1}^{n} i^2 = \frac{1}{6}n(n+1)(2n+1) = \frac{1}{6}n(2n^2+3n+1)$$

$$(6.1.12)$$

将式（6.1.12）代入式（6.1.11），得

$$E_d = \frac{1}{2}(\frac{2n^2+3n+1}{6n^2}m_c)V^2 = \frac{1}{2}(\frac{1}{3}+\frac{1}{2n}+\frac{1}{6n^2})m_c V^2$$

当 $n \to \infty$ 时，$E_d = \dfrac{1}{2}(\dfrac{1}{3}m_c)V^2$，即

$$C = \frac{m_0}{m_c} = \frac{1}{3} \quad （m_c \text{ 为弹簧自身质量}） \qquad (6.1.13)$$

2. 积分法

设弹簧长度为 $L$、质量为 $m_c$、振子的运动速度为 $V$、弹簧的微

分质量 $dm = \dfrac{m_c}{L}dx$,速度 $v_i = \dfrac{x}{L}V$,$dm$ 的动能为

$$dE_d = \frac{1}{2}dm \cdot v_i^2$$

弹簧的总动能为

$$E_d = \int_0^L dE_d = \int_0^L \frac{1}{2}dm \cdot v_i^2 = \int_0^L \frac{1}{2}dm \cdot \left(\frac{x}{L}V\right)^2$$

$$= \frac{1}{2}\frac{V^2}{L^2}\int_0^L x^2 dm = \frac{1}{2}\frac{V^2}{L^2}\int_0^L x^2 \frac{m_c}{L}dx$$

$$= \frac{1}{2}\frac{V^2}{L^3}m_c\int_0^L x^2 dx = \frac{1}{2}\frac{V^2}{L^3}m_c\left[\frac{x^3}{3}\right]_0^L = \frac{V^2}{2L^3}m_c\frac{L^3}{3} = \frac{1}{2}\left(\frac{m_c}{3}\right)V^2$$

即
$$C = \frac{m_0}{m_c} = \frac{1}{3} \qquad (6.1.14)$$

#### 6.1.7.2  非线性弹簧

在讨论自身质量不能忽略的弹簧时,假定弹簧变形是线性的。试验证明,这个假定对于刚性弹簧是成立的,对于软性弹簧则偏离较大。软性弹簧在恢复力作用下,接近固定端的变形大,接近振子处的变形小;反映在质量分布上,则接近固定端的密度小,接近振子处的密度大。据此,提出弹簧质量元的密度分布式,并根据弹簧总动能等于质量元(微分质量)动能的积分理论导出弹簧总动能与质量元弹簧振子的等效动能式为

$$E_d = \frac{1}{2}\left(\frac{\dfrac{1}{3} + \dfrac{a}{4}}{1 + \dfrac{a}{2}}m_c\right)v^2 \qquad (6.1.15)$$

对于刚性较强的弹簧,取 $a = 0$,其等效质量 $m_0 = \dfrac{m_c}{3}$;对于极

软弹簧,取 $a \gg 1$,其等效质量 $m_0 = \dfrac{m_c}{2}$。因此,弹簧的等效质量系

数

$$C = \frac{1}{3} \sim \frac{1}{2}$$

### 6.1.7.3　串联弹簧

设 $m_1$、$k_1$，$m_2$、$k_2$ 分别为两根串联弹簧的质量和刚度，$l_1$、$l_2$ 分别为两弹簧的长度(见图6.1.8)。经过 $\mathrm{d}t$ 时间，弹簧长度分别为 $l_1 + \mathrm{d}l_1$、$l_2 + \mathrm{d}l_2$；若 $V$ 为振子速度，$v$ 为两根弹簧连接处的速度，则

$$\frac{v}{V} = \frac{\dfrac{\mathrm{d}l_1}{\mathrm{d}t}}{\dfrac{\mathrm{d}l_1}{\mathrm{d}t} + \dfrac{\mathrm{d}l_2}{\mathrm{d}t}} \tag{6.1.16}$$

在 $M \gg m_1 + m_2$ 情况下，可以认为弹簧张力处处相等，则 $k_1 l_1 = k_2 l_2$，$k_1 \dfrac{\mathrm{d}l_1}{\mathrm{d}t} = k_2 \dfrac{\mathrm{d}l_2}{\mathrm{d}t}$，并代入式(6.1.16)得

$$\frac{v}{V} = \frac{k_2}{k_1 + k_2} = a$$

$$v = aV \tag{6.1.17}$$

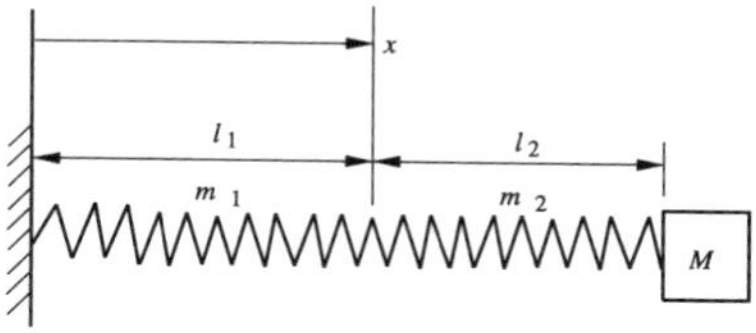

**图6.1.8　两根弹簧串联振子图**

已知串联弹簧元的动能为 $\mathrm{d}E_d = \mathrm{d}E_{d1} + \mathrm{d}E_{d2} = \frac{1}{2}\mathrm{d}m_1 v^2 + \frac{1}{2}\mathrm{d}m_2 v^2$，则串联弹簧的总动能为

$$E_d = \int \mathrm{d}E_d = \int_{l_1} \mathrm{d}E_{d1} + \int_{l_2} \mathrm{d}E_{d2} = \int_{l_1} \frac{1}{2}\mathrm{d}m_1 v^2 + \int_{l_2} \frac{1}{2}\mathrm{d}m_2 v^2$$

$$\tag{6.1.18}$$

$\mathrm{d}m$、$v$ 分别代表弹簧元 $\mathrm{d}x$、$\mathrm{d}y$ 的质量和速度。假定两只弹簧都是线性的,则

$$\mathrm{d}m = \begin{cases} \dfrac{m_1}{l_1}\mathrm{d}x & (\text{弹簧 1}) \\[3mm] \dfrac{m_2}{l_2}\mathrm{d}y & (\text{弹簧 2}) \end{cases}$$

$$v = \begin{cases} \dfrac{x}{l_1}aV & (\text{弹簧 1}) \\[3mm] aV + \dfrac{1}{l_2}(V - aV) & (\text{弹簧 2}) \end{cases}$$

将以上关系式代入式(6.1.18),积分得

$$E_d = \frac{1}{2}\Big[\frac{a^2 m_1 + (a^2 + a + 1) m_2}{3}\Big]V^2$$

则串联弹簧的等效质量 $m_0$ 为

$$m_0 = \frac{a^2 m_1 + (a^2 + a + 1) m_2}{3} \tag{6.1.19}$$

结论:

(1)若 $k_2 \rightarrow \infty$ ,则 $a \rightarrow 1$ , $m_0 \rightarrow \dfrac{m_1}{3} + m_2$ ,即弹簧 2 是完全刚性的,只有弹簧 1 起弹性作用。

(2)若 $k_1 \rightarrow \infty$ ,则 $a \rightarrow 0$ , $m_0 \rightarrow \dfrac{m_2}{3}$ ,即弹簧 1 是完全刚性的,只有弹簧 2 起弹性作用。

(3)当 $m_1 = m_2 = \dfrac{m}{2}$ 时,则 $m_0 = \dfrac{2a^2 + a + 1}{6}m$。

(4)当 $m_1 = m_2 = \dfrac{m}{2}$、$k_1 = k_2 = k$ 时,则 $a = \dfrac{1}{2}$ , $m_0 = \dfrac{m}{3}$。

## 6.1.8  试验解

（1）文献［46］的试验结果。

将振动方程 $K = \omega^2(m_0 + \Delta m)$ 作如下变形

$$\omega^{-2} = \frac{1}{K}(m_0 + \Delta m)$$

$$(2\pi f)^{-2} = \frac{1}{K}(m_0 + \Delta m)$$

$$f^{-2} = \frac{(2\pi)^2}{K}(m_0 + \Delta m)$$

$$T^2 = \frac{(2\pi)^2}{K}(m_0 + \Delta m) \tag{6.1.20}$$

式中   $T$——振动周期；

$\Delta m$——砝码质量；

$m_0$——弹簧有效质量；

$K$——弹簧倔强系数（刚度）。

$\Delta m$—$T$ 试验结果如表 6.1.1 所示。

**表 6.1.1　$\Delta m$—$T$ 试验结果**

| $\Delta m(\text{g})$ | 11.16 | 21.16 | 31.16 | 41.16 |
|---|---|---|---|---|
| $T(\text{s})$ | 0.615 | 0.775 | 0.892 | 1.011 |
| $T^2(\text{s}^2)$ | 0.378 | 0.601 | 0.796 | 1.022 |

式（6.1.20）中 $\Delta m$、$T^2$ 为变量，其余均为常量，即

$$T^2 = f(\Delta m)$$

式中   $f$——振动固有频率。

试验方法：

在弹簧装置(见图 6.1.9)的自由端,分别加 4 级砝码。

每加一级 $\Delta m$ 测 30 个全振动周期,并重复 3 次;每一级 $\Delta m$ 的差值为 10 g,共测 4 个相应周期,试验结果如表 6.1.1 所示。数据经线性回归得 $T^2$—$\Delta m$ 相关图(见图 6.1.10);回归方程为

$$T^2 = 21.24\Delta m + 0.143\ 4 \qquad (6.1.21)$$

其中,$T$ 的单位为 s。

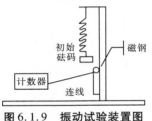

图 6.1.9　振动试验装置图

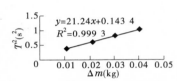

图 6.1.10　$T^2$—$\Delta m$ 相关图

试验结果:将式(6.1.21)与式(6.1.20)比较,利用方程对等法(各项对应相等)得

① $\dfrac{(2\pi)^2}{K}\Delta m = 21.24\Delta m$,即 $\dfrac{(2\pi)^2}{K} = 21.24$,得

$$K = \frac{(2\pi)^2}{21.24} = 1.86\ (\text{N/m})$$

② $\dfrac{(2\pi)^2}{K}m_0 = 0.143\ 4$,即

$$m_0 = 0.143\ 4\frac{K}{(2\pi)^2} = 0.143\ 4\frac{1.86}{(2\pi)^2} = 6.76\ (\text{g}) \qquad (6.1.22)$$

已知弹簧总质量 $m_c$ 为 18.15 g,故有效质量系数

$$C = \frac{m_0}{m_c} = \frac{6.76}{18.15} = 0.372 \qquad (6.1.23)$$

(2)文献[47]的试验结果。

原理:设周期公式为

$$T = AK^{\alpha}m^{\beta} \qquad (6.1.24)$$

其中,$A$、$\alpha$、$\beta$ 为试验常数;$m$ 为外加质量。

试验选用不同刚度 $K$、不同质量 $m_c$ 的三根弹簧,通过改变振子质量 $m$,测出相应的周期 $T$,通过式(6.1.25)求出有效质量系数 $C$,结果如表 6.1.2 所示。

$$T = 2\pi \sqrt{\frac{m + Cm_c}{K}} \qquad (6.1.25)$$

表 6.1.2    有效质量系数 $C$ 试验结果

| $K(\text{N/m})$ | 0.282 | 0.323 | 0.596 |
|---|---|---|---|
| $m_c(\times 10^{-3}\ \text{kg})$ | 13.65 | 12.68 | 14.35 |
| $C = \dfrac{m_0}{m_c}$ | 0.285 | 0.315 | 0.388 |
| $m_0(\times 10^{-3}\ \text{kg})$ | 3.89 | 3.99 | 5.57 |

(3)文献[48]的试验结果。

原理:弹簧振子的周期公式同式(6.1.25)。

方法:改变外加质量 $m$,在弹簧 $K$、$m_0$ 一定情况下测出相应的周期 $T$;将 $m$、$m_c$、$K$ 代入式(6.1.25),即可算出每一个 $m$ 值对应的 $T^2$,经回归计算即可得到每一根弹簧的有效质量系数 $C$。

共做 10 根不同 $K$ 值、不同弹簧质量 $m_c$ 的试验。表 6.1.3 中前 3 组数据同表 6.1.2,第 11 组数据为文献[46]的试验结果,其余 7 组数据为文献[48]的试验结果,还有 3 组试验结果因残差超过 3 倍标准差,故不参加线性回归,被除去。

表中 $C$ 值是本书作者根据原文作者提供的 $T$ 值计算的,原文中未显示 $C$ 值。表中 $m_c$、$m_0$、$K$、$C$ 分别为弹簧质量、弹簧有效(或等效)质量、弹簧刚度。

**表 6.1.3　试验结果汇总表**

| 弹簧编号 | $m_c$ （g） | $K$ （N/m） | $\dfrac{K}{m_0}$ （ $\times 10^3$ s$^{-2}$ ） | $C = \dfrac{m_0}{m_c}$ |
|---|---|---|---|---|
| 1 | 13.65 | 0.282 | 0.072 6 | 0.285 |
| 2 | 12.68 | 0.323 | 0.080 6 | 0.315 |
| 3 | 14.35 | 0.596 | 1.081 | 0.388 |
| 4 | 5.25 | 7.370 | 2.800 | 0.500 |
| 5 | 6.49 | 6.358 | 2.178 | 0.450 |
| 6 | 7.89 | 5.155 | 1.404 | 0.465 |
| 7 | 8.16 | 4.929 | 1.726 | 0.350 |
| 8 | 9.53 | 4.216 | 1.281 | 0.345 |
| 9 | 11.37 | 3.466 | 0.859 | 0.355 |
| 10 | 11.71 | 3.445 | 0.878 | 0.335 |
| 11 | 18.15 | 1.86 | 0.274 | 0.372 |

## 6.1.9　小结

### 6.1.9.1　弹簧的有效质量及有效质量系数的概念

质弹模型由一个纯质量元件和一个纯弹性元件组成。所谓纯质量元件，即该元件只有惯性而无弹性；所谓纯弹性元件，即该元件只有弹性而无惯性。即将振动体系中的质、弹分开，只有这样才便于研究体系的运动规律。而实际的振动体系往往是质、弹一体的，例如一维体系的弹性杆件振动，二维体系的薄板振动，三维体系的弹性体振动，杆、板、体都是既有弹性又有质量的物体。即使是最简单的弹簧振子中的弹簧,也是有质量的,没有质量的弹簧是不存在的。

将一只具有一定质量的弹簧振动等效为一个无质量弹簧与一个集中质量元件组成的质弹模型的振动。模型中振子的质量为 $m_0$,即为弹簧的等效质量(或有效质量)。$m_0$ 与弹簧的实际质量 $m_c$ 之比为弹簧振动的有效质量系数 $C$,即

$$C = \frac{m_0}{m_c} = \frac{弹簧的有效质量}{弹簧的实际质量}$$

### 6.1.9.2　$C$ 的各种解

关于弹簧有效质量及有效质量系数的解法很多,作者节选了弹性变形解、力平衡方程解、机械能守恒解、驻波解、等效动能解以及试验解的研究结果如下:

机械能守恒解:均匀变形时,$C = \frac{1}{3}$;非均匀变形时,$C = (\frac{2}{\pi})^2 = 0.405\,3 \approx \frac{1}{2.5}$。

弹簧变形解:线性均匀变形时,$C = \frac{1}{3}$;非均匀变形时,$C = (\frac{2}{\pi})^2 = 0.405\,3 \approx \frac{1}{2.5}$。

串联弹簧累计变形解:均匀形变时,$C = \frac{1}{2}$。

弹簧的力平衡方程解:$C = \frac{1}{3} \sim (\frac{2}{\pi})^2 \approx \frac{1}{3} \sim \frac{1}{2.5}$。

等效动能解:

线性弹簧 $C = \frac{1}{3}$;

非线性弹簧 $C = \frac{1}{3} \sim \frac{1}{2}$;

串联弹簧($m_1$、$k_1$,$m_2$、$k_2$ 两弹簧串联)

$$m_0 = \frac{a^2 m_1 + (a^2 + a + 1) m_2}{3}, a = \frac{k_2}{k_1 + k_2};$$

若 $k_2 \to \infty$，则 $a \to 1$，$m_0 \to \frac{m_1}{3} + m_2$；

若 $k_1 \to \infty$，则 $a \to 0$，$m_0 \to \frac{m_2}{3}$；

若 $m_1 = m_2 = \frac{m}{2}$，则 $m_0 = \frac{2a^2 + a + 1}{6}m$，再令 $k_1 = k_2 = K$，

则 $a = \frac{1}{2}$，$m_0 = \frac{m}{3}$。

根据表 6.1.3 中 $C$、$K/m_0$ 数据可作 $C$—$K/m_0$ 相关图，见图 6.1.11。图 6.1.11 中，$C$ 与 $K/m_0$ 的关系可表示为

$$C = 0.070\ 2\ \frac{K}{m_0} + 0.296\ 5 \qquad (6.1.26)$$

其中，$\frac{K}{m_0}$ 的单位为 $10^3\ \mathrm{s}^{-2}$。

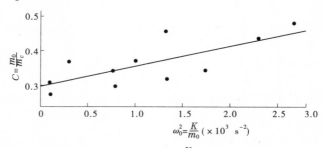

图 6.1.11　$C$—$\dfrac{K}{m_0}$ 相关图

### 6.1.9.3　$C$ 解归纳

（1）理论解：均匀变形弹簧 $C = \frac{1}{3}$；

$$\text{非均匀变形弹簧 } C = \left(\frac{2}{\pi}\right)^2 \approx \frac{1}{2.5};$$

$$\text{均质弹簧 } C = \frac{1}{2}。$$

（2）试验解：$C = 0.285 \sim 0.500$；

$$C = 0.070\ 2\ \frac{K}{m_0} + 0.296\ 5。$$

注：该解是在 $\frac{K}{m} \leqslant 3 \times 10^3\ \text{s}^{-2}$ 情况下得出的。

（3）$C$ 与弹簧的质量分布、弹性分布、弹性强弱以及附加质量等因素有关。

# 6.2　振动影响范围问题

　　振动影响范围是振动自震源开始向周围介质的传递扩散范围。从理论上讲，振动在其传播过程中，由于扩散半径的不断增大、介质对能量的吸收及摩擦作用，波动的能流密度不断减小、振幅不断衰减，直至振动停止。如果不考虑介质的能量吸收及摩擦作用，则振动只会减小，不会停止。由此可见，振动在实际介质（有摩擦、有吸收作用的介质）中的传播是有一定范围的。如何界定和求解振动在介质中的影响范围问题，一直是土动力学和实际工程十分关注的问题。显然，振动影响范围是一个三维问题，第 2 章引入了弹性半空间模型和等效动能模型，试图寻求堆石土密度测试中振动影响范围的解决方法。这两种模型仅给出了求解密度的思路，却没有给出振动影响范围的解决办法。本书拟采取经验与理论结合的思路，探讨问题的解决办法。

## 6.2.1　文献摘录

　　（1）文献[51]。

方形基础的影响深度可按 $h_d = 2d$ 计算（$d$ 为方形基础的边长）；其他形状的基础可按 $h_d = 2\sqrt{A}$（$A$ 为基底面积）计算。条文说明中提出：基础下地基土的影响深度可按 $2d$ 考虑。在动载荷作用下，由于地基土的受压面积随深度增加而增加，因此作用在单位面积上的动压力也随深度增加而减小，土的动变位亦随之减小，根据试验结果，一般深度在 $2d$ 以下的土层可以不考虑动应力的影响。

（2）文献[52]、[17]、[16]。

1885 年法国学者布辛奈斯克考虑了土静力学的附加应力传递的扩散作用，提出了集中力作用下半无限介质内任一点 $M$（见图 6.2.1）的附加应力的弹性力学解，即式（6.2.1），连续介质中附加应力相等的点的连线称介质附加应力等值线图（三维

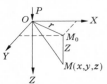

图 6.2.1　$M$ 点位置图

介质中为等值面），如图 6.2.2 所示。当介质表面有几个集中力作用时，介质中的附加应力可根据叠加原理，按式（6.2.1）计算，这样该点的附加应力将比单个集中力作用时的附加应力有所增加，如图 6.2.3 所示。在实际工程中，对于不同形状的基础，设想把基底划分成许多微小部分，假定作用在各微小部分面积上的压力为集中力，然后按布辛奈斯克公式进行积分，便可得到基底介质某一点的附加应力 $\sigma_z$，连接应力相同的点，就可以得到基底以下介质的附加应力等值线图。图 6.2.4 为刚性基础下地基的附加应力等值线图。

$$\sigma_z = k\frac{P}{z^2} \qquad (6.2.1)$$

$$k = \frac{3}{2\pi}\frac{1}{\left[1 + \left(\frac{r}{2}\right)^2\right]^{\frac{5}{2}}} \qquad (6.2.2)$$

式（6.2.1）、式（6.2.2）中各符号的意义见图 6.2.1。从图 6.2.4

中可以看出,当基底以下介质的附加应力为基底应力的 0.1 倍 $(0.1p_0)$ 时,其附加应力等值线近似为一截头圆形,对应的三维图为一截头圆球。

设基底的平均附加应力为 $p_0$,基底以上的附加压力为 $F$,基底面积为 $A$,则基底的平均附加应力 $p_0$ 为

$$p_0 = \frac{F}{A}$$

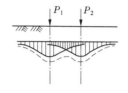

图 6.2.2　附加应力的积聚现象

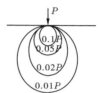

图 6.2.3　$\sigma_i$ 的应力线

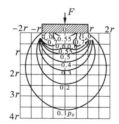

图 6.2.4　刚性基础下地基的
附加应力等值线图

(3)小结。

①圆形基底以下深度约 2 倍基底直径的深度处的静附加应力约为基底附加应力的 10%,即 $0.1p_0$($p_0$ 为基底附加应力)。$0.1p_0$ 的附加应力分布图为以基底为切面的截头圆球体。

②在动荷载作用下,基底 $2d$($d$ 为基底直径)以下的附加应力,可不考虑动应力的影响。

## 6.2.2 柱形振动体系的影响深度

设想将柱形体系的有效质量 $m_0$ 相应的重力 $P_0 = m_0 g$ 加于半径为 $r$、高为 $h_0$ 的振动柱顶部,相应的竖向变形为 $S$,如图 6.2.5 所示。将刚度 $K$、弹性模量 $E$、应力 $\sigma$、应变 $\varepsilon$、泊松比 $\mu$ 的力学关系代入式(1.4.7)得

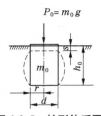

图 6.2.5 柱形体系图

$$K = \frac{4r}{1-\mu}G$$

其中,$K = \dfrac{P}{S}$,$G = \dfrac{E}{2(1+\mu)}$,$E = \dfrac{\sigma}{\varepsilon}$,$\sigma = \dfrac{P}{\pi r^2}$,$\varepsilon = \dfrac{S}{h_0}$。

可以推出

$$h_0 = \frac{1}{2}(1-\mu^2)\pi r = \frac{1}{4}(1-\mu^2)\pi d \qquad (6.2.3)$$

根据对弹簧有效质量 $m_0$ 与其总质量 $m$ 的考察结论 $m_0 = Cm$,取 $C = \dfrac{1}{3}$,则

$$m = 3m_0$$

故振动影响深度为

$$h = 3h_0 = \frac{3}{4}(1-\mu^2)\pi d \qquad (6.2.4)$$

$\mu$ 为 $0 \sim 0.5$,若取 $\mu = 0.4$(堆石体的泊松比一般为 $0.35 \sim 0.45$)代入式(6.2.4),则

$$h = 1.979d \approx 2d$$

即如果将堆石体振动模拟为柱形振动体系,则振动影响深度为覆盖板直径的 2 倍。这一结果与文献[51]的规定基本相符。

## 6.2.3 根据应力扩散理论对振动影响范围的研究

### 6.2.3.1 基本思路

(1)利用附加质量法测得的 $m_0$ 为质弹模型中弹簧的有效质量,选定有效质量系数 $C$,反求模型中的弹簧总质量 $m_c$,作为基底以下介质的参振质量。

(2)计算 $m_c$ 相应的体积 $V$。

(3)以 $m_c$ 的重力 $m_c g$ 作为加于基底的荷载,计算基底的附加应力 $P_0$。

(4)根据 $V$ 计算相应截头球体的半径 $r$、表面积 $s_r$。

(5)计算球体边界处的附加应力 $p_r$、应力比 $\varepsilon$。

计算公式如下:

$$m_c = \frac{m_0}{C} \qquad\qquad (6.2.5)$$

$$V = \frac{m_c}{\rho} \qquad\qquad (6.2.6)$$

$$p_0 = \frac{m_c g}{\pi r_0^2} = \frac{m_c g}{s_0} \qquad\qquad (6.2.7)$$

$$p_r = \frac{m_c g}{s_r} \qquad\qquad (6.2.8)$$

$$\varepsilon = \frac{p_r}{p_0} \qquad\qquad (6.2.9)$$

式中　$s_0$——基底面积;

　　　$r_0$——基底半径;

　　　$\rho$——介质密度;

　　　$r$——影响半径。

如果按以上步骤求出了相应 $m_c$ 的影响半径 $r$,则振动影响范围的问题便得到解决。由此可见,求解振动范围的基本思路有两个基本点:一是以静代动,即以静应力代替动应力;二是以自重应力代替附加应力,即以参振土的自重应力代替土中的附加应力。

### 6.2.3.2 有关公式及其推导

1. 截头球体体积、表面积公式

已知球体积、球冠体积公式如下:

$$V_{球} = \frac{4}{3}\pi r^3$$

$$V_{冠} = \frac{1}{3}\pi\Delta h^2(3r - \Delta h)$$

其中,$r_0$、$r$ 分别为基底半径、圆球体半径(振动图形半径);其他符号的意义如图 6.2.6 所示。

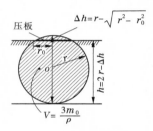

图 6.2.6　应力扩散球示意图

截头球体的表面积公式推导如下:

$$V = V_{球} - V_{冠}$$

将 $V_{球} = \frac{4}{3}\pi r^3$、$V_{冠} = \frac{1}{3}\pi\Delta h^2(3r - \Delta h)$、$\Delta h = r - \sqrt{r^2 - r_0^2}$ 代入

上式可推出截头球体体积 $V$、表面积 $s_r$ 的计算式为

$$V = \frac{\pi}{3}(2r^3 + 2r^2\sqrt{r^2 - r_0^2} + r_0^2\sqrt{r^2 - r_0^2})$$

$$s_r = 2\pi r\sqrt{r^2 - r_0^2}$$

令 $\alpha = \dfrac{r}{r_0}$, $\beta = 2\alpha^3 + (2\alpha^2 + 1)\sqrt{\alpha^2 - 1}$, 则 $\quad$ (6.2.10)

$$V = \frac{\pi}{3}r_0{}^3\beta \qquad (6.2.11)$$

$$s_r = 2\pi r_0{}^2\alpha\sqrt{\alpha^2 - 1} \qquad (6.2.12)$$

2. $m_c$ 的边界应力与基底应力比 $\varepsilon$ 公式

$$\varepsilon = \frac{p_r}{p_0} = \frac{\dfrac{m_c g}{s_r}}{\dfrac{m_c g}{s_0}} = \frac{s_0}{s_r} = \frac{\pi r_0^2}{2\pi r_0^2 \alpha\sqrt{\alpha^2 - 1}} = \frac{1}{2\alpha\sqrt{\alpha^2 - 1}}$$

即 $$\varepsilon = \frac{1}{2\alpha\sqrt{\alpha^2 - 1}} \qquad (6.2.13)$$

3. 影响深度 $h$ 公式

$$h = 2r - \Delta h$$
$$= r + \sqrt{r^2 - r_0^2}$$
$$= (\alpha + \sqrt{\alpha^2 - 1})r_0$$

即 $$h = (\alpha + \sqrt{\alpha^2 - 1})r_0 \qquad (6.2.14)$$

4. $r$、$h$、$\varepsilon$ 的计算

已知 $r_0$、$m_0$、$\rho$、$C$(按 1/3 选用),计算步骤如下:

(1)计算 $m$:$m = 3m_0$。

(2)计算 $V$:$V = \dfrac{m}{\rho}$。

(3)计算 $r$:根据 $V = \dfrac{\pi}{3}r_0{}^3\beta$,$\beta = 2\alpha^3 + (2\alpha^2 + 1)\sqrt{\alpha^2 - 1}$,$\alpha = \dfrac{r}{r_0}$ 关系计算。

(4)计算 $h$:$h = (\alpha + \sqrt{\alpha^2 - 1})r_0$。

(5)计算 $\varepsilon$:$\varepsilon = \dfrac{1}{2\alpha\sqrt{\alpha^2 - 1}}$。

在利用式(6.2.10)求解 $\alpha$ 时,由于该式为含有 $\alpha$ 的高次式,故从中直接解出 $\alpha$ 比较烦琐,不妨采用逼近法或图解法求解:

(1)逼近法:

①计算 $\beta_V$

$$\beta_V = \frac{3V}{\pi r_0^3}$$

②假定 $\alpha_i$,计算 $\beta_i$

$$\beta_i = 2\alpha_i^3 + (2\alpha_i^2 + 1)\sqrt{\alpha_i^2 - 1} \quad (i = 1, 2, \cdots)$$

③当 $\beta_i = \beta_V$ 时,相应的 $\alpha$ 即为所求的解。

(2)图解法:

①根据 $\beta = 2\alpha^3 + (2\alpha^2 + 1)\sqrt{\alpha^2 - 1}$,假定一系列 $\alpha$ 值,计算相应的 $\beta$ 值,并绘制 $\beta$—$\alpha$ 曲线,见图 6.2.7。

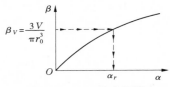

图 6.2.7 $\beta$ 的求解图

②根据 $\beta_V = \dfrac{3V}{\pi r_0^3}$,计算 $\beta_V$;

③查对 $\beta$—$\alpha$ 曲线(见图 6.2.7),即可求得 $\alpha$。

④$\alpha$ 求得之后,即可根据 $r = \alpha r_0$ 式,计算 $r$、$h$、$\varepsilon$。

5. 实例

(1)介质:堆石坝体堆石料碾压层,厚度 1 m 左右。

(2)检测方法:$m_0$ 采用附加质量法检测,密度 $\rho$ 采用坑测法检测。

(3)工程名称、检测时间及测点数:

①N 工程,2009 年 1 月检测,测点数 33 个;

②T 工程,2007 年检测,测点数 32 个;

③S 工程,2004 年检测,测点数 20 个;

④P 工程,2006 年 5 月检测,测点数 16 个。

(4)$m_0$ 为实测资料的多点平均值。

(5)选用 $C = \dfrac{1}{3}$。

(6)$r$、$h$、$\varepsilon$ 的计算结果见表6.2.1。

表 6.2.1　振动影响范围计算结果

| 工程 | N | T | S | P |
|---|---|---|---|---|
| $r_0$(m) | 0.25 | 0.25 | 0.339 | 0.35 |
| $m_0$ ( $\times 10^3$ kg) | 0.576 | 0.563 | 1.682 | 1.584 |
| $C$ | 1/3 | 1/3 | 1/3 | 1/3 |
| $m$(kg) | 1.728 | 1.689 | 5.046 | 4.752 |
| $\rho$ (g/cm$^3$) | 2.162 | 2.220 | 2.245 | 2.090 |
| $V$(m$^3$) | 0.799 | 0.761 | 2.248 | 2.274 |
| $\beta_V$ | 50.36 | 46.51 | 55.34 | 50.05 |
| $\alpha$ | 2.33 | 2.27 | 2.40 | 2.33 |
| $r$(m) | 0.583 | 0.568 | 0.812 | 0.816 |
| $h$(m) | 1.12 | 1.08 | 1.55 | 1.55 |
| $\varepsilon$ | 0.102 | 0.108 | 0.096 | 0.102 |
| $\dfrac{h}{d}$ | 2.24 | 2.16 | 2.29 | 2.21 |
| $\dfrac{r}{r_0}$ | 2.33 | 2.27 | 2.40 | 2.33 |

注:与工程压板的当量半径 $r_0 = \sqrt{\dfrac{面积}{\pi}} = \sqrt{\dfrac{0.6 \times 0.6}{\pi}} = 0.339$

## 6.2.4　小结

（1）试验证明,深度在 2 倍基底直径以下的土层可以不考虑动应力的影响。

（2）由土静力学得知,在竖向载荷作用时,大约深度为基底半径以下土层的附加应力呈球面扩散。

（3）根据拟静力法的思路可以推出振动影响范围相当于介质参振质量 $m_c = \dfrac{m_0}{C}$ 相应的体积范围,形状大体为一个顶部为基底的截头圆球体,颇像一个灯泡,故称"应力泡"。堆石体的测振试验证明：

①振动影响半径平均为基底半径的 2.3 倍左右。

②影响深度为基底直径的 2.2 倍左右,比规范提出的稍大。

③影响范围的边界应力与基底应力比约为 0.1。

# 6.3　非线性问题

## 6.3.1　引言

非线性振动是与线性振动相比较而言的。在一个振动系统中,如果恢复力与变形成正比,则该系统称为线性系统,否则为非线性系统。自然界中的振动现象,大多都属于非线性,线性振动系统其实是对非线性振动系统的一种简化、近似。例如,一个结构非常简单的弹簧振子,如果恢复力的增长速率不等于变形的增长速率,或者说恢复力的变化与变形的变化不成正比,那么,这个振动就是非线性振动。

由于附加质量法的理论模型是线弹性的,因此有必要了解线弹性体系的物理前提、应用条件以及非线性振动的物理条件、振动特征、解法等问题。

为了进一步阐明非线性振动的概念,设位移为 $X$,恢复力为 $f(x)$,在不考虑系统阻尼的情况下,恢复力 $f(x)$ 可以展开为麦克劳林多项式($x=0$ 的泰勒公式):

$$f(x) = f(0) + f'(0) \cdot x + \frac{1}{2!}f^2(0) \cdot x^2 + \cdots + \frac{1}{n!}f^n(0) \cdot x^n$$

(6.3.1)

由于 $X=0$,即位移为零,振动处于平衡位置,故 $f(0)=0$;设 $f'(0)=k$,$\frac{1}{3!}f^3(0)=a$,$\cdots$,通常弹性恢复力对于平衡位置具有反对称点,$x$ 的偶次方项不存在,即 $f^{2n}(0)=0$,所以有

$$f(x) = kx + ax^3 + \cdots$$

(6.3.2)

通常 $a$ 为小量,因此当 $x$ 亦为小量时,$ax^3$ 及其以后的高次项均可以忽略,故弹性恢复力 $f(x)$ 与位移 $x$ 的关系可以认为是线性关系,$k$ 为弹性系数(刚度),则

$$f(x) = kx$$

线性振动与非线性振动方程的一般形式如下。

(1)线性方程

$$m\ddot{x} + c\dot{x} + kx = f_i(t)$$

其中,$x$ 为小变形;$m$、$c$、$k$ 为常量;$t$ 为时间。

当 $f_i(t)=0$ 时,为自由振动。

(2)非线性方程

$$f_m(\ddot{x},\dot{x},x) + f_c(\ddot{x},\dot{x},x) + f_k(\ddot{x},\dot{x},x) = f_g(\ddot{x},\dot{x},x)$$

其中,$f_m$、$f_c$、$f_k$、$f_g$ 分别为惯性力、阻尼力、弹性力、激振力,均为位移 $x$ 的函数,且为非线性力。

当 $f_g=0$ 时,为非线性自由振动。

## 6.3.2 线性振动的主要特征

(1)恢复力与变形成正比。

（2）在 $f(x)$、$X$ 坐标系中的图像为直线。

（3）振动微分方程为位移 $x$ 的一次方程。

（4）系统的固有圆频率 $\omega_0$（$\omega_0{}^2 = k/\omega_0$）仅取决于系统的结构性质，即质量元件的有效质量 $m_0$ 及弹簧元件的弹性系数 $k$ 与初始条件（初位移、相位、速度）及振幅无关。在强迫振动中，其共振频率为 $\omega_m$，接近于系统的固有频率 $\omega_0$，即 $\omega_m \approx \omega_0$。

（5）振动方程的解 $x(t)$、$K$、$m_0$ 是唯一的。

（6）振动符合叠加原理❶。

对于线性系统，其因果关系是线性的。如果系统作用有多个荷载，则系统的总影响应为各单独荷载的响应之和，因此可以用叠加原理求和。

线性振动理论是附加质量法检测介质密度、地基承载力的基本依据。附加质量法就是利用力、相应变形的叠加求 $K$、$m_0$，而后反演介质密度和地基承载力的。

---

❶ 叠加原理：系统总体响应等于各部分响应的线性之和；总体解等于部分解之和。

例如：振动方程 $\ddot{x} + 2\beta\dot{x} + \omega_0^2 x = f\cos\omega t$ 可以写成

$$\left(\frac{\mathrm{d}^2}{\mathrm{d}t^2} + 2\beta\frac{\mathrm{d}}{\mathrm{d}t} + \omega_0^2\right)x = f_j(t)$$

设 $\left(\dfrac{\mathrm{d}^2}{\mathrm{d}t^2} + 2\beta\dfrac{\mathrm{d}}{\mathrm{d}t} + \omega_0^2\right) = L$（算子），则

$$Lx = f_j(t)$$

如果方程中包含多个变量 $x_1, x_2, \cdots, x_n$ 和多个常量 $a_1, a_2, \cdots, a_n$，且

$$L(a_1x_1 + a_2x_2 + \cdots) = a_1L(x_1) + a_2L(x_2) + \cdots$$

则方程 $Lx = f_j(t)$ 的解 $X$ 为

$$X = \sum a_n x_n(t)$$

即一个线性微分方程的解，是各单独分力所产生的解的总和。各个单独分力及其解是独立的。

### 6.3.3　非线性振动的主要特征

#### 6.3.3.1　力学特征

恢复力、阻尼力是非线性的。

#### 6.3.3.2　数学特征

振动微分方程是非线性的;恢复力 $f(x)$ 与位移的图像为非直线;振动的响应及微分方程的解不符合叠加原理;其解不是唯一的。

#### 6.3.3.3　周期(频率)

振动周期不仅与系统结构、材料性质有关,还与振幅有关。例如,保守系统非线性振动的周期:

考察杜芬方式

$$\ddot{x} + \omega_0^2(x + \beta x^3) = 0$$

式中　$x$——$x = a\sin\theta$, $a$ 为振幅;

　　　$\beta$——系数;

　　　$\omega_0$——线性振动的固有圆频率。

周期 $T$ 的积分式为

$$T = \frac{4\sqrt{2}}{\omega_0} \int_0^{2\pi} \frac{\mathrm{d}\theta}{\sqrt{2 + \beta a^2 + \beta a^2 \sin\theta}} \qquad (6.3.3)$$

对于线性振动,$\beta = 0$, $T = \dfrac{2\pi}{\omega_0}$;对于非线性振动,$\beta \neq 0$,周期 $T$ 不仅与 $\omega_0$ 有关,还与振幅 $a$ 有关;对于硬弹簧,$\beta > 0$,振幅 $a$ 增大,周期 $T$ 减小;对于软弹簧,$\beta < 0$,振幅 $a$ 增大,则周期 $T$ 增大,如图 6.3.1 所示。

**图 6.3.1　$a$—$\omega$ 关系曲线**

总之,非线性振动的周期或频率不仅与系统的结构(振子有效质量、有效刚度、弹簧长度)有关,还与振幅有关。

#### 6.3.3.4 振幅

（1）非线性振动的振幅不仅与系统结构、元件（材料）性质（$K$、$m_0$）有关，还与频率有关。

（2）在周期力作用下，振幅发生跳跃性变化，如图6.3.2所示。

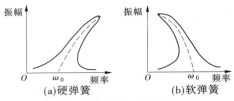

图6.3.2 振幅与频率关系图

#### 6.3.3.5 非线性系统的共振

1. 多频共振

在非线性系统中，若以激振频率为基数，振动频率为激振频率的分数倍、整数倍时，均可能发生共振。

2. 组合共振

若有两种不同频率 $\omega_1$、$\omega_2$ 共同作用于系统时，在（$\omega_1 + \omega_2$）、（$\omega_1 - \omega_2$）或（$m\omega_1 \pm n\omega_2$）与固有频率一致时，均可能发生共振，这种共振称为组合共振。

3. 自激振动

非线性自激系统具有等效负阻尼对，调节等效阻尼到 0 的情况下所存在的定常周期振动为自激振动。当阻尼为非线性时，阻尼随振幅而变化，在小振幅情况下，等效阻尼可能是负的，在大振幅情况下可能是正的，中间情况可能为 0；其间，可能存在一个定常周期振动即自激振动。这种振动是孤立的，其振幅和周期仅取决于系统参量，在一定范围内与初始状态无关。弱非线性自振接近谐振，强非线性自振远离谐振；后者在振动过程中的能量积累与瞬时弛放交替进行，这一积累和瞬间弛放的过程称为张弛振动。

总之，非线性振动的特点主要有：恢复力与变形为非线性关系;周期不仅与系统的材料性质有关,还与振幅有关;振幅、频率相互影响,在扰力作用下频率与振幅呈跃变关系;多频共振、自激振动都有可能发生;叠加原理不适用非线性振动。非线性振动比线性振动要复杂得多。线性振动只是非线性振动的一个特例,是小幅状态下的振动,是非线性振动的一种近似;非线性振动才是普遍的、大量的物理现象。

对于非线性问题的反演有两种方法:其一,把非线性问题线性化,按线性问题求解,如迭代法、逼近法等;其二,按非线性问题反演,如退火算法、遗传算法、人工神经网络法等。实践证明,线性化方法简单易行,许多情况下也能取得较好效果,但有一定局限性。

## 6.3.4 $K$、$m_0$ 测试中的疑似非线性问题

堆石(土)体密度检测的附加质量法,是利用线弹性模型的线性性质,根据叠加原理通过附加质量的办法测出堆石(土)振动体系的 $K$、$m_0$ 参数,而后转化为密度的。通过前面的分析我们知道,严格来讲,一切振动体系的力与变形的关系都是非线性的,线性关系只是在小变形前提下的一种近似。因此,在利用线性模型测量 $K$、$m_0$ 时,有必要考察模型与原型的近似程度,以估计测试结果的可靠程度。考察可从两个方面着眼,一是系统结构的近似度,二是力学关系的近似度。

### 6.3.4.1 结构方面:模型与原型差异甚大

(1)附加质量法的模型为最简单的线弹性模型,由一个质量原件 $m_0$ 和一个弹性原件 $K$ 组成,如图 6.3.3(a)所示。

(2)原型为堆石(土)体,如图 6.3.3(b)所示。按土力学的分类标准,堆石(土)体属于巨粒碎石土,由粒径悬殊的岩石颗粒物质组成,大到 1 m 以上,中到几厘米、几十厘米,小至几毫米、几微米或者更小;颗粒级配无一定规律,不均匀系数有的为 10~20,有的为 20~30,有的为 40~50,有的更大,极不均匀。堆石(土)体既

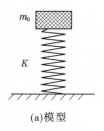
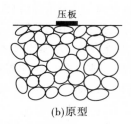

(a)模型　　　　　　　　　(b)原型

**图6.3.3　堆石(土)体模型原型示意图**

然属于"土",自然具有土的一般属性,如三相性、碎散性和不均匀性。

　　线弹性模型的两个元件中,质、弹是独立的,质量元件只有惯性没有弹性;弹性元件则只有弹性没有惯性;原型则是质弹合一的、整体性较差的,振动是有阻尼的,是向周边无限扩散的松散体。

　　因此,结构方面,原型与模型差异甚大。

### 6.3.4.2　力与变形的关系方面:原型与模型有足够的近似

　　模型:力与变形的关系是线性的。即振动微分方程是单自由度、一维、齐次、线性方程,力与变形的关系在直角坐标系中的图像是一条直线,符合叠加原理,$K$、$m_0$是模型本身固有的唯一参数。

　　原型:力与变形的关系以及其他性质与模型有足够的近似。

　　证明如下:

　　(1)根据振动方程分析,$\omega^{-2}$相当于加速度为一个单位时的位移,$(m_0 + \Delta m)$相当于加速度为一个单位时的恢复力。

$$m\ddot{Z} + Kz = 0$$
$$K = \omega^2(\Delta m + m_0) \qquad (6.3.4)$$
$$Z = z_m \sin(\omega t + \varphi)$$

$$\ddot{Z} = \frac{\mathrm{d}^2 z}{\mathrm{d}t^2} = -Z\omega^2 \quad (加速度) \qquad (6.3.5)$$

将$\omega^{-2}$乘式(6.3.5)两端,得

$$\omega^{-2}\ddot{Z} = -Z \qquad (6.3.6)$$

将$(m_0 + \Delta m)$乘以式(6.3.5)两端,得

$$(m_0 + \Delta m)\ddot{Z} = (m_0 + \Delta m)(-Z\omega^2)$$

$$(m_0 + \Delta m)\ddot{Z} = -(m_0 + \Delta m)\omega^2 Z$$

$$(m_0 + \Delta m)\ddot{Z} = -KZ$$

$$(m_0 + \Delta m)\ddot{Z} = -f$$

惯性力 = 弹性恢复力

当$\ddot{Z} = 1$时

$$m_0 + \Delta m = -f \qquad (6.3.7)$$

惯性力 = 弹性恢复力

式(6.3.7)除以式(6.3.6),得

$$\frac{(m_0 + \Delta m)}{\omega^{-2}} = \frac{-f}{-Z} = K(同 K 的定义)$$

$$(m_0 + \Delta m)\omega^2 = K$$

与式(6.3.4)相同。

据此已经证明,$\omega^{-2}$、$(m_0 + \Delta m)$分别为振动加速度为一个单位时的位移、恢复力。如图6.3.4所示。

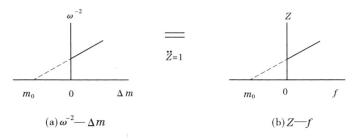

(a)$\omega^{-2}$—$\Delta m$           (b)$Z$—$f$

图6.3.4   $\omega^{-2}$—$\Delta m$ 与 $Z$—$f$ 等价图

（2）大量实测资料证明，$\omega^{-2}$与$(m_0+\Delta m)$为线性关系。

自1990年开始附加质量法的试验研究工作以来，先后在小浪底、西霞院、洪家渡、昆明新机场、田湾可仁宗海、糯扎渡、燕山水库、梨园水电站、水布垭、瀑布沟等对堆石坝、堆石土填方工程采用附加质量法进行试验或工程检测，测点数有2万多个，$\omega^{-2}$—$\Delta m$曲线除个别测点外都有较理想的线性关系，相关系数多数在0.98～0.99。据此证明，堆石体原型与模型一般都有较高的近似度。现随机抽取两条曲线如图6.3.5、图6.3.6所示，数据见例6-1。

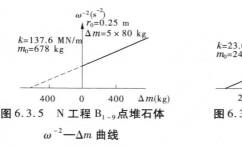

图6.3.5　N工程$B_{1-9}$点堆石体

$\omega^{-2}$—$\Delta m$曲线

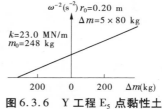

图6.3.6　Y工程$E_5$点黏性土

$\omega^{-2}$—$\Delta m$曲线

### 6.3.4.3　线性与非线性判别标准

1.看测点(基底)应变量级的大小

文献[58]、[59]、[60]提供的"土动力特性测试方法与应变幅值关系"，如表6.3.1所示。

从表6.3.1中可以看出，当应变为$10^{-4}$～$10^{-6}$时，对应的物理现象是波动或振动，力学特性是弹性，介质的剪切模量$G$、泊松比$\mu$、阻尼比$D$为常数，即应力与应变关系是线性的。这是因为在刚性圆形基础下，地基的刚度式中$r_0$(基底半径)及其他参量均为常数，$P$、$S$分别为竖向力、变形。

$$K=\frac{4r_0}{1-\mu}G \qquad (6.3.8)$$

$$K=\frac{P}{S}$$

$$\frac{P}{S} = \frac{4r_0}{1-\mu}G$$

$$P = (\frac{4r_0}{1-\mu}G)S \qquad (6.3.9)$$

**表 6.3.1　现场和室内试验的应变范围 ( Ishihara, 1971 )**

| | 应变幅值 | $10^{-6}$ | $10^{-5}$ | $10^{-4}$ | $10^{-3}$ | $10^{-2}$ | $10^{-1}$ |
|---|---|---|---|---|---|---|---|
| | 现　象 | 波动、振动 | | 开裂、不均匀下沉 | | 压密、滑动、液化 | |
| | 力学特性 | 弹　性 | | 弹塑性 | | 破　坏 | |
| | 动力特性参数 | 弹性(或剪切)模量、泊松比、阻尼系数 | | | | 内摩擦角、内聚力 | |
| 原位测定 | 弹性波法 | —————— | | | | | |
| | 振动试验 | | —————————— | | | | |
| | 重复荷载试验 | | | | ———————————— | | |
| 室内测定 | 波动法 | | —————————— | | | | |
| | 共振柱法 | | —————————— | | | | |
| | 动三轴、动扭剪 | | | ———————————— | | | |

由于式 ( 6.3.9 ) 中 $(\frac{4r_0}{1-\mu}G)$ 为常量,故 $P$、$S$ 为线性关系。据此推论其应力、应变关系亦为线性关系,因为基底面积及变形影响深度对于一定的测点而言是不变的。

**【例 6-1】** 现以图 6.3.5 及图 6.3.6 的测点数据为例计算基底 ( 压板底部 ) 的应力 $\sigma$、应变 $\varepsilon$。图 6.3.5 为 N 堆石料 2009 年 1 月实测 $B_{1-9}$ 点资料,$r_0 = 0.25$ m,$\Delta m = 5 \times 80$ kg,5 级附加质量;图 6.3.6 为 Y 堆石坝黏性土料 2006 年 $E_5$ 点实测资料,$r_0 = 0.20$ m,$\Delta m = 5 \times 80$ kg,5 级附加质量。

为计算应变 $\varepsilon$,还需计算 $\beta_V$、$\beta_r$、$\alpha$、$h$ 等参数 ( 其公式推导见 6.2 )。根据以下公式即可计算相应的应力 $\sigma$、应变 $\varepsilon$,并列入表 6.3.2,$\sigma$—$\varepsilon$ 图如图 6.3.7 和图 6.3.8 所示。

$$\beta_V = \frac{3 \times 3m_0}{\pi r_0^3 \rho} = \frac{9V_0}{\pi r_0^3}$$

$$\beta_r = 2\alpha^3 + (2\alpha^2 + 1)\sqrt{\alpha^2 - 1}$$

$$h = (\alpha + \sqrt{\alpha^2 - 1})r_0$$

$$S = \frac{p}{K}$$

$$\sigma = \frac{p}{\pi r_0^2}$$

$$\varepsilon = \frac{S}{h}$$

表 6.3.2　$N - B_{1-9}$、$Y - E_5$ 点应力($\sigma$)、应变($\varepsilon$)计算表

| 点号 | $r_0$(m) | $K$ ($\times 10^6$ N/m) | $m_0$ (kg) | $\rho$ ($\times 10^3$ kg/m³) | $\beta$ | $\alpha$ | $h$ (m) | $\Delta m$ (kg) | $\sigma$ ($\times 10^3$ N/m²) | $S$ ($\times 10^{-6}$ m) | $\varepsilon$ ($\times 10^{-4}$) |
|---|---|---|---|---|---|---|---|---|---|---|---|
| $N -$ $B_{1-9}$ (堆石土) | 0.25 | 137.6 | 678 | 2.15 | 57.84 | 2.43 | 1.16 | $1 \times 80$ | 4.0 | 5.7 | 0.049 |
| | | | | | | | | $2 \times 80$ | 8.0 | 11.4 | 0.098 |
| | | | | | | | | $3 \times 80$ | 12.0 | 17.1 | 0.147 |
| | | | | | | | | $4 \times 80$ | 16.0 | 22.8 | 0.197 |
| | | | | | | | | $5 \times 80$ | 20.0 | 28.5 | 0.246 |
| $Y - E_5$ (黏土) | 0.20 | 23.0 | 248 | 2.06 | 43.11 | 2.22 | 0.84 | $1 \times 80$ | 4.0 | 34.1 | 0.41 |
| | | | | | | | | $2 \times 80$ | 8.0 | 68.2 | 0.81 |
| | | | | | | | | $3 \times 80$ | 12.0 | 102.3 | 1.22 |
| | | | | | | | | $4 \times 80$ | 16.0 | 136.4 | 1.62 |
| | | | | | | | | $5 \times 80$ | 20.0 | 170.5 | 2.03 |

从表 6.3.2 及图 6.3.7、图 6.3.8 中可以看出:

(1)$N - B_{1-9}$点的各级应变均小于 $10^{-4}$，$Y - E_5$ 点的各级应变为 $10^{-4}$左右,均属低应变量级。

(2)两点的 $\sigma — \varepsilon$ 曲线与线性模型均有较佳拟合,说明测点原型的本构关系与线性模型相符。

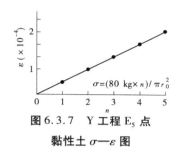

图 6.3.7　Y 工程 $E_5$ 点
黏性土 $\sigma - \varepsilon$ 图

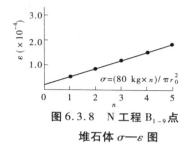

图 6.3.8　N 工程 $B_{1-9}$ 点
堆石体 $\sigma - \varepsilon$ 图

**2. 看测点 $\omega^{-2} - \Delta m$ 关系是否为线性**

我们已经证明,线弹性模型的 $\omega^{-2} - \Delta m$ 关系是线性的;反之,如果 $\omega^{-2} - \Delta m$ 关系是线性的,系统的力学模型是否是线性的? 答案是肯定的。由于材料弹性的定义是材料在外力作用下改变其形状和大小,在外力卸除后便回到原始的形状和大小;线弹性的定义则是材料受力后或外力卸除后的变形和回复力关系都是线性的,因此 $\omega^{-2} - \Delta m$ 曲线是线性的,则材料(堆石体)的力学模型也一定是线弹性的。这一结论,也可以从作附加质量测试时,测点加、卸载的 $\omega^{-2} - \Delta m$ 曲线基本上是重合上得到验证。

根据以上两个判据,即可判断该测点的振动特性是线性或者是非线性的。

**6.3.4.4　附加质量法测试中的非线性效应**

自附加质量法用于堆石(土)密度测试以来,累计检测点数为2 万余个。除个别点外,绝大多数测点的 $\omega^{-2} - \Delta m$ 关系都非常接近直线,相关系数多在 0.98 以上,$K$、$m_0$ 比较合理,密度反演法结果与坑测法结果比较接近,95% 的点相对误差不超过 3%。实践证明,线性模型与原型有较高的近似度,但个别测点也有非线性反映,主要表现是 $\omega^{-2} - \Delta m$ 为曲线或折线。

**1. 上凹型 $\omega^{-2} - \Delta m$ 曲线**

【例6-2】　SBY 堆石坝工程,2004 年 12 月试验中的 106#、

$107^{\#}$、$108^{\#}$、$115^{\#}$、$117^{\#}$记录的 $\omega^{-2}$—$\Delta m$ 曲线为上凹型曲线。其中，$2a-3^{\#}$点(过渡料)的 $106^{\#}$、$107^{\#}$记录的测试数据如表 6.3.3 所示，$\omega^{-2}$—$\Delta m$ 曲线如图 6.3.9 及图 6.3.10 所示。

表 6.3.3　SBY $2a-3^{\#}$点 $107^{\#}$、$106^{\#}$记录数据

| $r_0(\mathrm{m})$ | | | | $\Delta m(\mathrm{kg})$、$f(\mathrm{Hz})$ | | | $\overline{K}$ ( $\times 10^6$ N/m) | $\overline{m_0}$ (kg) |
|---|---|---|---|---|---|---|---|---|
| 0.226 (0.4×0.4) | $\Delta m$ | 100 | 200 | 300 | 400 | 500 | 102.7 | 112 |
| | $f$ | 104.6 | 91.85 | 82.43 | 73.35 | 63.25 | | |
| 0.451 (0.8×0.8) | $\Delta m$ | 300 | 600 | 900 | 1 200 | 1 500 | 119.0 | 355 |
| | $f$ | 80.25 | 73.85 | 63.92 | 56.53 | 49.96 | | |

注:$r_0$ 为压板当量半径。$\overline{K}$、$\overline{m_0}$ 为线性回归的值。

从图 6.3.9(a) 及图 6.3.10(a) 中可以看出，虽然压板尺寸不同，但 $\omega^{-2}$—$\Delta m$ 曲线类型非常相似，都属于凹型曲线。根据图像观察，该上凹型的数学模型为指数函数,故可用指数函数作试探性分析:

$$y = a\mathrm{e}^{bx} \tag{6.3.10}$$

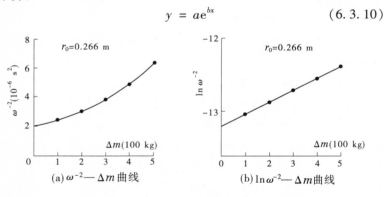

图 6.3.9　$\omega^{-2}$—$\Delta m$ 曲线及 $\ln\omega^{-2}$—$\Delta m$ 曲线

其中,$y=\omega^{-2}$;$x=\Delta m$;$a$、$b$ 为常数。

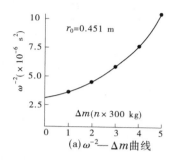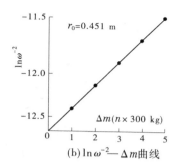

**图 6.3.10** $\omega^{-2}$—$\Delta m$ 曲线

对式(6.3.10)取对数得

$$\ln\omega^{-2} = \ln a + bx$$

上式在半对数坐标系中的图像近似为一条直线,如图 6.3.9 (b)及图 6.3.10(b)所示。

取 $x = \Delta x = 0$ 可得 $\ln a = \ln\omega_0^{-2}$,即

$$a = \omega_0^{-2}, b = \frac{\ln\omega^{-2} - \ln a}{\Delta m}$$

据此,可求得 $a$、$b$ 以及函数式:

$$\frac{1}{K} = \frac{\mathrm{d}y}{\mathrm{d}x} = abe^{bx}$$

$$K = \frac{1}{ab}e^{-bx}$$

当 $x = 0$,即 $\Delta m = 0$ 时,有

$$K_0 = \frac{1}{ab} \tag{6.3.11}$$

$$m_0 = aK_0 = \frac{1}{b} \tag{6.3.12}$$

$r_0$ 不同时,$a$、$b$、$K_0$、$m_0$ 的计算结果如表 6.3.4 所示。

表 6.3.4　SBY 2a – 3# 点不同 $r_0$ 时曲线参数计算表

| $r_0$ (m) | $a$ ( $\times 10^{-6}$ s$^2$ ) | $b$ ( s$^2$/kg ) | $K_0$ ( $\times 10^6$ N/m ) | $m_0$ ( kg ) | 备注 |
|---|---|---|---|---|---|
| 0.226 | 1.814 | 0.002 53 | 218 | 396 | $K_0$ 为 $\Delta m_0$ |
| 0.451 | 2.991 | 0.000 792 | 422 | 1 263 | =0 处斜率 |

注:$K_0$、$m_0$ 为 $\Delta m = 0$ 时线性化处理后的值。

2a – 3# 点两种不同尺寸的压板所测 $\omega^{-2}$—$\Delta m$ 曲线均为非线性关系,与指数函数式有较佳拟合。依据非线性函数线性化处理的思路,可将指数函数在单对数坐标系中化为线性关系,如图 6.3.9(b)及图 6.3.10(b),据此求得 $a$、$b$ 参数。由于非线性函数在 $x$ 很小时可以认为是线性的,故 $\dfrac{1}{K_0} = \left[\dfrac{\mathrm{d}y}{\mathrm{d}x}\right]_0 = abe^{bx} = abe^{b0} = ab$,即求 $x = 0$,即 $\Delta m = 0$ 处的倒导数 $K_0$ 为 $\Delta m = 0$ 点的切线刚度。$\Delta m = 0$ 处相应的 $K_0$、$m_0$ 比平均值 $\overline{K}$、$\overline{m_0}$ 大 2 ~ 4 倍。由此可见,非线性对堆石土参数测量的影响是非常大的。

2. 折线型 $\omega^{-2}$—$\Delta m$ 曲线

【例6-3】　TWH 河堆石坝堆石料2007 年7 月实测 $A_{30}$ 号点数据如表 6.3.5 所示,$\omega^{-2}$—$\Delta m$ 曲线如图 6.3.11 所示。

表 6.3.5　TWH 河堆石体 $A_{30}$ 号点数据表

| $\Delta m$ ( kg ) | $1 \times 93$ | $2 \times 93$ | $3 \times 93$ | $4 \times 93$ | $5 \times 93$ | $K$ ( MN/m ) | $m_0$ ( kg ) |
|---|---|---|---|---|---|---|---|
| $f$( Hz ) | 69.998 3 | 66.955 | 64.600 | 59.889 | 55.852 | | |
| $\omega^{-2}$ ( $\times 10^{-6}$ s$^2$ ) | 5.172 | 5.650 | 6.070 | 7.062 | 8.120 | 127.3 | 537 |
| $\omega^{-2}$ ( $\times 10^{-6}$ s$^2$ ) | 5.172 | 5.650 | 6.070 | | | 207.1* | 978* |

注:表中 * 数据为按1、2、3 号点计算之 $K$、$m_0$ 值。

从图 6.3.11 中可以看出,该点的 $\omega^{-2}$—$\Delta m$ 曲线为一条折线,

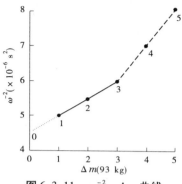

图 6.3.11 $\omega^{-2}$—$\Delta m$ 曲线

折点在 $\Delta m = 3 \times 93$ kg 点处。折点将曲线分为两段,两段曲线的斜率有明显差异,按 1—3 段、2—5 段以及 1—5 段的线性回归计算相应的 $K$、$m_0$ 为:1—3 段,$K = 207.1 \times 10^6$ N/m,$m_0 = 978$ kg;3—5 段,$K = 90.73 \times 10^6$ N/m,$m_0 = 272$ kg;1—5 段(综合值),$K = 127.3 \times 10^6$ N/m,$m_0 = 537$ kg。根据小变形接近线性关系的原则,拟判定 1—3 段对应的 $K = 207.1 \times 10^6$ N/m,$m_0 = 978$ kg 为可取之值。

除上述两例外,在测试中还有 $\omega^{-2}$—$\Delta m$ 曲线为 ⌒ 型或 ∧ 型等情况。总之,只要 $\omega^{-2}$—$\Delta m$ 图形非直线的任何形状均可疑为非线性效应。

## 6.3.5 小结

(1)参数 $K$、$m_0$ 测试的物理模型是线弹性模型时,对应的 $\omega^{-2}$—$\Delta m$ 图像是一条直线,该直线就是加速度等于 1 时的恢复力与位移关系图像。因此,只要 $\omega^{-2}$—$\Delta m$ 关系是线性的,恢复力与位移的关系也是线性的。

(2)大量(数以万计)的实测资料证明,堆石土的 $\omega^{-2}$—$\Delta m$ 关系是一条相关度较高的直线,相关系数一般在 0.98 以上。利用

$\omega^{-2}$—$\Delta m$ 关系得到的 $K$、$m_0$ 反演密度与坑测结果比较接近,相对误差一般小于等于 3% 的点数可达 95%(见表 6.2.4)。由此可见,线弹性模型与原型(堆石土测点)有较高近似度。

(3)在堆石土的附加质量法测试中,非线性效应时有发生,如 $\omega^{-2}$—$\Delta m$ 图像有 ⌣、⌒、∨、∧ 型曲线,对于非线性效应的识别和

判断的基本原则是,看 $\omega^{-2}$—$\Delta m$ 是直线或曲线。这种判别原则理论上是充分的。须知造成 $\omega^{-2}$—$\Delta m$ 非直线的原因,并非都是体系本身的物理性质,测试误差也是不可忽视的因素。因此,在排除误差对 $\omega^{-2}$—$\Delta m$ 的影响之后,才能够对系统的振动性质是线性或非线性作出判断。

(4)非线性系统的求解。

由于非线性系统的激励与响应是非线性的,即因果关系是非线性的,故叠加原理不能适用。因此,非线性系统至今没有一般解法,只能用一些特殊研究方法尽可能地揭示系统的某些运动性态。非线性问题的解法基本上是沿着定性和定量两个方向发展的,作者摘选了部分研究成果列下:

①非线性振动周期的定性解:

$$T = \frac{4\sqrt{2}}{\omega_0} \int_0^{\frac{\pi}{2}} \frac{\mathrm{d}\theta}{\sqrt{2 + \beta a^2 + \beta a^2 \sin\theta}} \qquad (6.3.13)$$

式中　$T$——非线性振动周期;

　　　$\omega_0$——线性振动圆有圆频率;

　　　$\beta$——系数;

　　　$a$——振幅;

　　　$\theta$——相角。

$a$—$\omega$ 曲线如图 6.3.12 所示。

②杜芬方程的解:

杜芬方程　　　　　$\ddot{x} + \cos(x + \varepsilon \dot{x}) = 0, \varepsilon \ll 1$

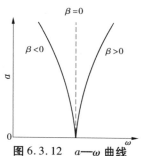

图 6.3.12　$a$—$\omega$ 曲线

$$\omega = \omega_0\left(1 + \varepsilon\,\frac{3}{8}A_0^2 - \frac{21}{256}\varepsilon^2 A_0^2 + \cdots\right) \qquad (6.3.14)$$

式中　$x$、$\dot{x}$、$\ddot{x}$——振动位移、速度、加速度函数;

$\omega$——非线性振动圆频率;

$\omega_0$——线性振动固有圆频率($K = \omega_0^2 m$);

$\varepsilon$——小参数;

$A_0$——初位移,$x_0(0) = A_0$。

式(6.3.13)没有积分结果,不能用于 $\omega_0$ 的计算,只能说明非线性振动周期 $T$ 与系数 $\beta$ 及振幅 $a$ 有关;在 $\beta = 0$ 或 $a = 0$ 时,$\omega = \omega_0$。式(6.3.14)为 $\omega$ 的解析式,但 $\varepsilon$、$A_0$ 的测定方法未知,故仍不能利用此式求 $\omega_0$。

③利用 $\omega^{-2}$—$\Delta m$ 曲线的小变形段或 $\Delta m = 0$ 时的曲线斜率求解:

由于式(6.3.13)及式(6.3.14)不能求解,故根据线性模型的小变形原理,利用 $\omega^{-2}$—$\Delta m$ 曲线前段或 $\Delta m = 0$ 处的斜率可求得系统的 $K$、$m_0$ 近似值,如例 6-2 和例 6-3。这种方法虽然理论上不够严密,却比较实用。

(5)由于附加质量法的理论基础是线弹性模型,线弹性模型的基本条件是小变形,因此在作附加质量法测试过程中要注意:

①$\Delta m$ 要尽量采用小值,但 $\Delta m$ 太小可能导致测试相对误差

过大,且由于介质弹性的复杂多变性,$\Delta m$ 的大小很难从理论上给以界定,应通过试验,寻求最佳 $\Delta m$ 值。

②要避开干扰,防止多频共振发生。

③要提高仪器的频率分辨力及抗干扰力。

④要合理采用仪器的数据裁剪功能、滤波功能,以提纯有效信号、优化数据处理效果。

⑤如遇非线性效应,可以在小 $\Delta m$ 段加密小 $\Delta m$ 测点,如图 6.3.13 的 $0^{\#} \sim 1^{\#}$ 点之间加密 3 个测点。在加密段求其 $K$、$m_0$ 值。

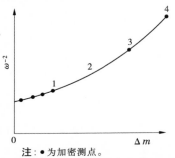

注:●为加密测点。

图 6.3.13　加宽测点示意图

总之,要想尽办法避免"非线性"效应发生。

(6)对于测试中的非线性问题,由于出现得很少,试验研究工作做得也很少,认识非常肤浅,还有待于今后在试验研究中突破。

# 6.4　非单自由度问题

如果测点处压板以下的介质有明显的弹性差异,则测点的振动效应就有可能发生非单自由度振动现象,超越了"附加质量法"单自由度的理论前提。因此,有必要讨论双自由度或多自由度体系的振动问题。由于附加质量法的有效影响深度很浅,一般为压板直径的 2 倍,地层介质的弹性变化不会太大,故仅讨论双自由度振动问题。

所谓自由度,是指确定振动体系中质点空间位置的独立坐标个数。例如,在单自由度系统中,$Z(t)$ 是刚度为 $K$、质量为 $m$ 的质点离开平衡位置的竖向位移,由于确定质点 $m$ 位置的独立坐标数

只有一个 $Z(t)$，故为单自由度体系，如图 6.4.1 所示。在双自由度体系中位移 $Z_1(t)$、$Z_2(t)$ 是刚度为 $k_1$、质量为 $m_1$ 的质点及刚度为 $k_2$、质量为 $m_2$ 的质点竖向振动的位移叠加。显然 $Z_1(t)$ 不仅与 $k_1$、$m_1$ 有关，还与 $k_2$、$m_2$ 有关，$Z_2(t)$ 不仅与 $k_2$、$m_2$ 有关，还与 $k_1$、$m_1$ 有关。双自由度体系如图 6.4.2 所示。

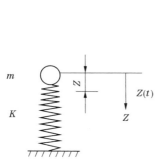

图 6.4.1　单自由度体系　　图 6.4.2　双自由度体系

双自由度体系振动方程（无阻尼）为

$$\begin{cases} m_1 \ddot{z}_1 + k_1 z_1 - k_1 z_2 = 0 \\ m_2 \ddot{z}_2 + (k_1 + k_2) z_2 - k_1 z_1 = 0 \end{cases} \qquad (6.4.1)$$

设 $a = \dfrac{k_1 + k_2}{m_2}$，$b = \dfrac{k_2}{m_2}$，$c = \dfrac{k_1}{m_1}$，代入式（6.4.1）得

$$\begin{cases} \ddot{z}_1 + c z_1 - c z_2 = 0 \\ \ddot{z}_2 + a z_2 - (a - b) z_1 = 0 \end{cases} \qquad (6.4.2)$$

其解为

$$\begin{cases} z_1 = A_1 \sin(\omega_n t + \varphi) \\ z_2 = A_2 \sin(\omega_n t + \varphi) \end{cases} \qquad (6.4.3)$$

将式（6.4.3）微分后代入式（6.4.2）（$\ddot{z} = \dfrac{\mathrm{d}^2 z}{\mathrm{d} t^2}$），得

$$\begin{cases} (c - \omega^2)A_1 - cA_2 = 0 \\ (a - b)A_1 - (a - \omega^2)A_2 = 0 \end{cases} \qquad (6.4.4)$$

欲使 $A_1$、$A_2 \neq 0$,其系数行列式必等于 0(齐次方程组有非 0 解的充分必要条件是,系数行列式等于 0),即

$$\omega^4 - (a + c)\omega^2 + bc = 0 \qquad (6.4.5)$$

式(6.4.5)称为频率方程,式(6.4.5)中 $\omega_1$、$\omega_2$ 称为无阻尼振动的第一、第二振型的固有频率

$$\omega^2_{(1),(2)} = \frac{a + c}{2} \mp \sqrt{\left(\frac{a + c}{2}\right)^2 - bc} \qquad (6.4.6)$$

由式(6.4.4)得

$$\frac{A_2}{A_1} = \frac{a - b}{a - \omega^2} = \frac{c - \omega^2}{c} \qquad (6.4.7)$$

将式(6.4.7)代入式(6.4.6),得

$$\begin{cases} \dfrac{A_2^{(1)}}{A_1^{(1)}} = \dfrac{a - b}{a - \omega^2_{(1)}} = \dfrac{c - \omega^2_{(1)}}{c} > 0 \\[3mm] \dfrac{A_2^{(2)}}{A_1^{(2)}} = \dfrac{a - b}{a - \omega^2_{(2)}} = \dfrac{c - \omega^2_{(2)}}{c} < 0 \end{cases} \qquad (6.4.8)$$

式(6.4.8)说明双自由度体系有两个振型:第一振型(低频)$m_1$、$m_2$ 同相;第二振型(高频)$m_1$、$m_2$ 反相。

如果 $k_1 = k_2 = k$,$m_1 = m_2 = m$,代入式(6.4.6)有

$$\begin{cases} \omega^2_{(1)} \approx \dfrac{k_1}{m_1} \\[3mm] \omega^2_{(2)} \approx \dfrac{k_1 + k_2}{m_2} \end{cases} \qquad (6.4.9)$$

我们感兴趣的问题是如何从实测频率(叠加频率)$\omega_{(1),(2)}$ 中得到 $k_1$、$k_2$、$m_1$、$m_2$。由于式(6.4.6)中有 $a$、$b$、$c$ 三个未知数,是不可能得到唯一解的。现在讨论在什么情况下可以得到近似解,文献[61]对该问题进行了讨论,其结论是:

若

$$
\begin{cases}
k_2 \gg k_1 \\
\dfrac{k_1 + k_2}{m_2} \gg \dfrac{k_1}{m_1}
\end{cases}
$$

则

$$
\begin{cases}
\omega_{(1)}^2 \approx \dfrac{k_1}{m_1} \\
\omega_{(2)}^2 \approx \dfrac{k_1 + k_2}{m_2}
\end{cases}
$$

此时相当于第一振型的 $m_2$ 不动,只有 $m_1$ 以频率 $\omega_1 = \sqrt{\dfrac{k_1}{m_1}}$ 作自由振动;而第二振型相当于 $m_1$ 不动,只有 $m_2$ 以频率 $\omega_2 = \sqrt{\dfrac{k_1 + k_2}{m}} \approx \sqrt{\dfrac{k_2}{m}} = \omega_1$ 作自由振动。

对于多自由度、非线性、有阻尼的振动问题就更为复杂,超出了附加质量法所依据的理论模型,原则上是无法用附加质量法解决的。

# 6.5 地基土的动、静刚度问题

土力学定义地基土的刚度 $K$ 为地基单位变形的反力,即

$$
K = \frac{P}{S} \tag{6.5.1}
$$

式中 $P$——地基反力;

$S$——地基表面变形。

关于地基刚度的动、静关系问题,不同文献给出了不同的结论,土(动 - 静)力学认为动刚度($K_d$)大于静刚度($K_s$),动力基础弹性半空间理论则认为静刚度大于动刚度,故有必要对这两种

相反的结论加以考察讨论。

$$K_d > K_s \quad （土力学结论） \tag{6.5.2}$$

$$K_s > K_d \quad （动力基础弹性半空间理论） \tag{6.5.3}$$

## 6.5.1 地基刚度的理论解

### 6.5.1.1 土静力学解

1885 年,法国数学家布辛奈斯克导出了半空间表面竖向集中力作用下刚性圆形基础底部沉降的弹性力学解,即式(6.5.4)和式(6.5.5)。

$$S = \frac{\pi}{2} pr \frac{1 - \mu^2}{E} \tag{6.5.4}$$

$$p = \frac{P}{\pi r^2} \tag{6.5.5}$$

式中 $P$——基底反力;

$S$——基底沉降;

$r$——基底半径;

$\mu$——基底土的泊松比。

根据刚度定义,将式(6.5.4)、式(6.5.5)的关系以及 $E = 2(1+\mu)G$ 代入式(6.5.1)即得基底土的静刚度式,即式(6.5.6)。

$$K_s = \frac{P}{S} = \frac{2\pi r^2 pE}{\pi r p (1 - \mu^2)}$$

$$= \frac{4r(1 + \mu)}{1 - \mu^2} G$$

$$= \frac{4r}{1 - \mu} G$$

所以

$$K_s = \frac{4r}{1 - \mu} G \tag{6.5.6}$$

### 6.5.1.2　土动力学解

土动力学根据土的受力特性抽象出弹性、黏性和塑性三个基本元件,用这三个元件的组合来描述土的动力学特性。对于黏、弹性组合模式,其应力应变关系为

$$\sigma_d = \dot{E}\varepsilon_d + C\dot{\varepsilon}_d$$

或

$$E\varepsilon_d + C\dot{\varepsilon}_d - \sigma_m\sin\omega t = 0$$

此微分方程的解为

$$\varepsilon_d = \frac{\sigma_m}{\sqrt{E^2 + (C\omega)^2}}\sin(\omega t - \delta)$$

$$E_d = \frac{\sigma_m}{\varepsilon_m} = \sqrt{E^2 + (C\omega)^2} \qquad (6.5.7)$$

式中　$\sigma_d$——动应力;

$\varepsilon_d$——动应变;

$\dot{\varepsilon}_d$——动应变速率,$\dot{\varepsilon}_d = \dfrac{\mathrm{d}\varepsilon}{\mathrm{d}t}$;

$E$——弹性元件的弹性模量($E_s$);

$C$——黏性元件阻尼;

$\sigma_m$——应力幅值;

$\varepsilon_m$——应变幅值;

$\delta$——复合黏弹性参数,$\delta = \arctan\dfrac{C\omega}{E}$;

$E_d$——动弹性模量。

根据式(6.5.7)关系得出

$$E_d > E_s$$

当 $\omega = 0$ 时

$$E_d = E = E_s$$

文献[59]证明了 $\dfrac{E_d}{E_s} = \dfrac{k_d}{k_s}$,故

$$k_d > k_s$$

### 6.5.1.3 动力基础弹性半空间理论解

文献[18]给出了扰力幅值 $A$(振幅)的博罗达契夫解

$$A = \cfrac{Q}{\cfrac{4Gr_0}{1-\mu}\gamma\sqrt{1-2\cos\delta+x^2}} \qquad (6.5.8)$$

$$x = \cfrac{M\omega^2}{\cfrac{4r_0G}{1-\mu}\gamma} \qquad (6.5.9)$$

令 $\alpha = \gamma\sqrt{1-2x\cos\delta+x^2}$，则

$$A = \cfrac{Q}{\cfrac{4Gr_0}{1-\mu}\alpha} \qquad (6.5.10)$$

$$k_d = \cfrac{Q}{A} = \cfrac{4Gr_0}{1-\mu}\alpha = \alpha k_s \qquad (6.5.11)$$

其中，$k_d$、$k_s$ 分别为动刚度、静刚度；$M$、$r_0$、$G$、$\mu$ 分别为附加于基底以上的质量、基底半径、剪切模量、泊松比；$\gamma$、$\delta$、$x$ 为与频率 $\omega$ 有关的参数。当 $\omega = 0$ 时，$\delta = 0$、$x = 0$、$\gamma = 1$，则

$$k_d = k_s = \frac{4Gr_0}{1-\mu} \qquad (6.5.12)$$

文献[18]对动刚度和静刚度做了专题分析，研究得出：

$$k_s = \left(1 + \frac{\Delta m}{m}\right)k_d \qquad (6.5.13)$$

$$k_s = k_d + \frac{\Delta m}{m}k_d \qquad (6.5.14)$$

即
$$k_s > k_d$$

分析：

（1）$k_s > k_d$ 的结论是在不考虑地基土的惯性（$\Delta m = 0$）的模型基础上得出的，即在 $\Delta m = 0$ 假定条件下解出的地基刚度称为动刚

度 $k_d$，故 $k_s > k_d$。而原型的基础振动是不可能将地基土的惯性去掉的，即 $\Delta m \neq 0$。

（2）当 $\omega = 0$ 时，动刚度就蜕变为静刚度了，即 $k_s = k_d$。

#### 6.5.1.4 质弹模型解

在 $(\Delta m + m_0) - k$ 型（$C = 0$）的模型研究中

$$k = (\Delta m + m_0)\omega^2 \qquad (6.5.15)$$

其中，$\Delta m$ 是加在地基以上的附加质量（含基础质量）；$m_0$ 是地基土的惯性质量，即模型中的弹簧有效参振质量。

在线弹性模型中 $m_0$ 是固有参数，$\Delta m$ 是外加变量，当 $\Delta m = 0$ 时

$$k = m_0 \omega_0^2 \qquad (6.5.16)$$

弹性半空间理论已经证明

$$k = k_s = \frac{4r_0}{1 - \mu}G \qquad (6.5.17)$$

### 6.5.2 刚度的实测结果

（1）文献[59]认为，土的静变形模量 $E_s$ 可由圆形钢板静载荷试验的 $Q$（载荷）—$S$（沉降）曲线直线段求得，计算式为式（6.5.18）；动弹性模量 $E_d$ 可由振动和波动试验求得，计算式为式（6.5.19）：

$$E_s = (1 - \mu^2)\frac{Q}{sd} = (1 - \mu^2)\frac{k_s}{d} \qquad (6.5.18)$$

$$E_d = (1 - \mu^2)\frac{k_d}{d} \qquad (6.5.19)$$

式中　$k_s$——静刚度，$k_s = Q/s$；

　　　$k_d$——动刚度；

　　　$\mu$——泊松比；

$d$——钢板直径。

由式(6.5.18)与式(6.5.19)可得动静模量比等于刚度比,即

$$\frac{k_d}{k_s} = \frac{E_d}{E_s} \qquad (6.5.20)$$

图 6.5.1 和图 6.5.2 为该文献根据室内试验和现场试验提供的砂、石类土和黏性土的动静模量比曲线,图中 $D_r$ 为相对密度,$I_P$ 为塑性指数,$I_l$ 为液性指数。其结果是:动模量大于静模量,动刚度大于静刚度。

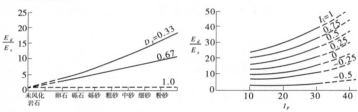

图 6.5.1　砂、石类土的动静
模量比曲线

图 6.5.2　黏性土的动静
模量比曲线

文献[59]还提供了各类土的动、静弹性模量(见表 3.3.1)。从表中的数据可以看出,其动静模量比:无黏性土在 2 倍以上,黏性土多在 10 倍以上,动参数大于静参数。

(2)四川、河南二堆石坝工程堆石料实测刚度。

据四川、河南二堆石坝工程堆石料采用附加质量法、波速法实测刚度的结果,附加质量法实测刚度大于波速法实测刚度,见图 6.5.3 和表 6.5.1。

$k_\Delta$ 为附加质量法刚度,计算式为

$$k_\Delta = \omega^2 m_0$$

$k_V$ 为波速法刚度,计算式为

$$k_V = \frac{4r_0}{1-\mu} V_s^2 \rho \quad (\rho \text{ 为湿密度})$$

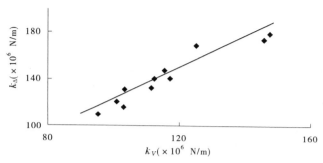

图 6.5.3 $k_\Delta$—$k_V$ 相关图

表 6.5.1 堆石土刚度测试成果表

| 工区 | 介质 | 点号 | $k_\Delta$<br>(MN/m) | $k_V$<br>(MN/m) | $V_P$<br>(m/s) | $V_S$<br>(m/s) | $\dfrac{k_\Delta}{k_V}$ | $\mu$ | $\rho$<br>(g/cm³) | $r$<br>(m) |
|---|---|---|---|---|---|---|---|---|---|---|
| 四川 T<br>工程 | 无黏<br>性堆<br>石土 | A – 4 | 148 | 115 | 831 | 182 | 1.29 | 0.343 | 2.29 | 0.30 |
| | | A – 13 | 116 | 103 | 498 | 167 | 1.13 | 0.400 | 2.21 | 0.30 |
| | | A – 14 | 174 | 146 | 651 | 203 | 1.19 | 0.371 | 2.23 | 0.30 |
| | | A – 21 | 110 | 95 | 380 | 159 | 1.16 | 0.425 | 2.18 | 0.30 |
| | | A – 22 | 169 | 125 | 906 | 190 | 1.35 | 0.345 | 2.26 | 0.30 |
| 河南 Y<br>工程 | 黏性堆<br>石土 | B – 1 | 121 | 101 | 640 | 147 | 1.20 | 0.475 | 2.13 | 0.30 |
| | | B – 2 | 141 | 117 | 610 | 185 | 1.21 | 0.457 | 2.17 | 0.30 |
| | | B – 3 | 178 | 148 | 571 | 175 | 1.20 | 0.448 | 2.14 | 0.30 |
| | | B – 4 | 132 | 103 | 650 | 174 | 1.28 | 0.452 | 1.93 | 0.30 |
| | | B – 5 | 141 | 112 | 773 | 187 | 1.26 | 0.466 | 2.31 | 0.30 |
| | | B – 6 | 133 | 111 | 666 | 179 | 1.20 | 0.462 | 2.20 | 0.30 |

注:$r$ 为压板半径(m),$V_P$、$V_S$、$V_R$ 分别为 P、S、R 波速度,$\mu$ 为泊松比。

分析:理论上应该是 $k_\Delta = k_V = k_s = \dfrac{4r_0}{1-\mu}G = \dfrac{4r_0}{1-\mu}V_S^2\rho$,实际则 $k_\Delta > k_V$。从实测结果看,无黏性堆石土 $\dfrac{k_\Delta}{k_V} = 1.13 \sim 1.35$,黏性堆石体 $\dfrac{k_\Delta}{k_V} = 1.20 \sim 1.28$,较稳定。

### 6.5.3 小结

（1）在同一种介质、同一个基底（或荷载板）的条件下,土的刚度大小取决于土的应力应变关系及应变量级的大小,当应变≤$10^{-4}$时,土的应力应变关系一般为线弹性关系,此时土静力学解及动力学解应该是一致的,即$k_d = k_s$。

（2）一般情况下,由于土的动应变小于静应变,所以土的动刚度大于静刚度。

（3）动力基础弹性半空间理论得出的静刚度大于动刚度的原因是:动刚度相应的理论模型中没有计入土的惯性作用（$\omega^2 m_0$）,但土的惯性作用是客观存在的,计入土的惯性后仍然可以得出与土静力学解相同的结论。$k_s = \dfrac{4r_0}{1-\mu}G$ ,这是因为动力基础半空间理论讨论的前提是地基基础的振动为线弹性振动。

# 第7章 附 录

## 7.1 堆石体密度检测实例

### 7.1.1 实例 I:N 工程堆石料压实干密度检测

#### 7.1.1.1 坝工概况

该工程的主体工程为黏土心墙堆石坝,最大坝高 261.5 m,坝体填料分心墙区和坝壳区。心墙区为砾土料、混合料和反滤料;坝壳区以粗、细堆石料为主,还有护坡块石料。堆石料的最大粒径为 800 mm。坝体总填筑量为 3 400 万 $m^3$。

堆石料的碾压层厚度设计要求 95~105 cm,设计压实控制孔隙率 $n(\%)$:I 区粗堆石料 $n \leqslant 22.5\%$;II 区粗堆石料 $n \leqslant 21.0\%$;I 区细堆石料 $22\% \leqslant n \leqslant 25\%$;II 区坝坡细堆石料 $n \leqslant 20.5\%$。

设计干密度:I 区粗堆石料 2.07 $g/cm^3$,II 区粗堆石料 2.17 $g/cm^3$(上游)、2.14 $g/cm^3$(下游),细堆石料 2.03 $g/cm^3$。

#### 7.1.1.2 检测程序

首先,在碾压试验场做试验性检测。目的是标定利用附加质量法所测动参数 $K$、$m_0$ 与坑测密度 $\rho$ 的关系。

其次,利用 $K$、$m_0$ 与 $\rho$ 的标定关系,做工程的碾压干密度检测。由此可见,标定工作就像制作一把尺子,利用这把尺子再去测量密度。因此,对标定工作的要求,应该比工程检测更高。

### 7.1.1.3 检测试验

1. 设备的选择和调整

主要设备包括振动信号采集分析仪、盖板(压板)、附加质量体、拾震器、激震锤等,根据第 3 章提出的设备技术要求拟选:

振动信号采集分析仪为 WYS 虚拟信号仪器;

盖板为半径 $r_0 = 250$ mm,厚 $\delta = 52.2$ mm,质量为 80 kg 的钢板;

附加质量体为 5 块 80 kg 的圆形钢盘;

拾震器为 28 Hz、40 Hz、60 Hz 的速度型检波器;

激震锤为 50 kg 的圆柱形钢锤,底面直径约 15 cm。

以上所选设备是否合适,以效果最佳为检验标准,如效果不佳,则须调整。

2. 试验点数的确定

由于试验检测是为工程检测服务的,试验点数与工程检测点数的关系就是部分与总体的关系,欲使部分能够较好地代表总体,部分的数据结构应与总体的数据结构有足够的相似,点数不能太少。因此,试验点就是统计学中所说的"样本",试验点数就是"样本量"。在第 5 章 5.2 节中,我们曾经讨论过样本量的选取问题。统计学中提出,随机抽样的样本量 $n$ 与样本标准差 $\sigma$、测量误差的期望值 $\Delta$、测量结果的可信度(或称置信水平)$t$、总体点数 $N$ 有关。可首先按式(7.1.1)和式(7.1.2)计算,如计算结果 $n < 50$,可按最小样本量 $n = 50$ 确定。

$$n = \frac{t^2 \sigma^2}{\Delta^2 + \dfrac{t^2 \sigma^2}{N}} \qquad (7.1.1)$$

当 $N$ 很大时,$N \to \infty$,上式变为

$$n = \frac{t^2 \sigma^2}{\Delta^2} = \left(\frac{t\sigma}{\Delta}\right)^2 \qquad (7.1.2)$$

如果本次试验中要求 $t = 1.96$(概率 95%),$\sigma = 0.1 \times 10^3$

$kg/m^3$（设计要求样本标准差），要求测点密度误差 $\Delta \leqslant 0.05 \times 10^3$ $kg/m^3$，则 $n$ 的计算值为

$$n = \left( \frac{1.96 \times 0.1}{0.05} \right)^2 = 15.37，取 n = 16$$

试验证明，当 $n > 30$ 时，样本的概率分布向正态分布趋近，当 $n \geqslant 50$ 时样本均值的概率分布才是正态分布。因此，欲保证样本的代表性，从总体中抽取的样本量 $n$ 一般应大于等于 50。

3. 信号采集

选点：根据检测试验要求在检测试验层表面选点位，并铺砂、找平；

放置压板：将压板平放在铺砂、找平的测点上；

将附加质量体（$\Delta m$）加于压板上；

将拾震器埋置于压板或附加质量体上；

开机：待接收振动信号；

选择采样频率并创建新的记录文件编号：采样频率的选择使得频率分辨率 $df \leqslant 1/10\Delta f$；

选择激震点：激震点中心宜选距测点边沿约 25 cm 处，并铺砂、找平；

将拾震器与主机连通，等待接收振动信号；

在激震点激震并由主机接收记录信号。

图 7.1.1 为附加质量法观测系统图。

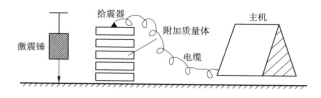

**图 7.1.1 附加质量法观测系统图**

4. 频谱分析

选择分析样点数。

选择滤波通频带。

由时域曲线转变为频谱曲线。

读每一级 $\Delta m$（附加质量）相应的峰值频率 $f$。

5. 作 $\Delta m$—$\omega^{-2}$ 曲线——求解 $K$、$m_0$

以 $\Delta m$ 为横坐标、$\omega^{-2}$ 为纵坐标,作 $\Delta m$—$\omega^{-2}$ 曲线,对曲线做线性拟合,根据该曲线数据即可计算该测点的 $K$、$m_0$。

$$K = \frac{\Delta m}{\Delta \omega^{-2}}（曲线的反斜率）$$

$$m_0 = \omega_0^{-2} K（曲线在 \Delta m 轴上的截距）$$

频谱分析、$\Delta m$—$\omega^{-2}$ 曲线的绘制以及 $K$、$m_0$ 的求解,均可由计算机按所设计的程序来完成。图 7.1.2(a)、(b)分别为 $B_{28-1}$ 号点实测的频谱图及 $\Delta m$—$\Delta \omega^{-2}$ 图。该点分析结果,$K = 62.7 \times 10^6$ N/m,$m_0 = 376$ kg,$\omega_0^2 = \dfrac{K}{m_0} = 0.166\ 8 \times 10^6\ \text{s}^{-2}$。

6. 密度量板的制作

根据样本各点的实测资料 $K$、$m_0$、$\rho$ 以及式(4.4.1),即可绘制该试验区的密度量板——$V_0$、$\dfrac{K}{\rho}$、$\omega^{-2}$ 曲线,即 $V_0$、$\omega^{-2}$ 平面的 $K$ 等值线,如图 4.4.2 所示。图中斜曲线为 $K$ 等值线,封闭曲线为含水率 $W(\%) \times 10^{-2}$ 等值线。$V_0$ 为 $10^{-3}$ $\text{m}^3$,$\omega^{-2}$ 为 $10^{-8}$ $\text{s}^{-2}$,$K$ 为 $10^6$ N/m。

### 7.1.1.4 大坝堆石体压实密度检测

在堆石体密度量板制作完成之后,即可利用量板进行大坝堆石体碾压层的压实密度检测。其程序是,首先测出测点的 $K$、$m_0$ 参数,而后利用量板(图 4.4.2)求出该点的密度值。例如:

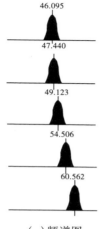

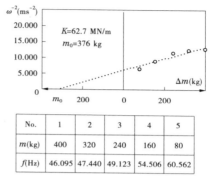

| No. | 1 | 2 | 3 | 4 | 5 |
|-----|-----|-----|-----|-----|-----|
| $m$(kg) | 400 | 320 | 240 | 160 | 80 |
| $f$(Hz) | 46.095 | 47.440 | 49.123 | 54.506 | 60.562 |

$r_0 = 0.25$ m, $r = 0.975\ 79$

（a）频谱图　　　　　（b）$\Delta m$—$\omega^{-2}$图

**图 7.1.2　测点频谱图及 $\Delta m$—$\Delta \omega^{-2}$图**

（1）某点密度检测结果：

已知该点实测的 $K = 148.8 \times 10^6$ N/m，$m_0 = 743$ kg，$\omega_0^{-2} = m_0/K = 4.99 \times 10^{-6}$ s$^{-2}$。

利用 $K$ 量板，查得 $V_0 = 353 \times 10^{-3}$ m$^3$，$W = 1.51\%$。

计算湿密度 $\rho_w = \dfrac{m_0}{V_0} = \dfrac{743}{353} = 2.10$（$\times 10^3$ kg/m$^3$）；

干密度 $\rho_0 = \dfrac{\rho_w}{1+W} = \dfrac{2.10}{1+0.015\ 1} = 2.07$（$\times 10^3$ kg/m$^3$）。

该点坑测干密度为 $2.06 \times 10^3$ kg/m$^3$，湿密度为 $2.08 \times 10^3$ kg/m$^3$，含水率 $W = 1.2\%$。

干密度误差：绝对误差 $\Delta \rho = \rho_0 - \rho_{0坑} = 2.07 - 2.06 = 0.01$（$\times 10^3$ kg/m$^3$）；

相对误差 $\dfrac{\Delta \rho}{\rho_{0坑}} = \dfrac{0.01}{2.06} = 0.004\ 9 = 0.49\%$。

（2）去掉系统误差后：

干密度:$\rho_{0r} = 2.055 \times 10^3 \text{ kg/m}^3$;

绝对误差:$\Delta\rho_r = 0.005 \times 10^3 \text{ kg/m}^3$;

相对误差:$\delta = 0.24\%$。

#### 7.1.1.5  $\rho$(干密度)、$n$(孔隙率)的换算关系

N 工程对堆石体压实控制提出了孔隙率 $n$(%)和干密度 $\rho$ 两种控制指标。土力学给出 $\rho$、$n$、$G$(土的固体颗粒密度,即 $n=0$ 的密度)的关系为

$$n = 1 - \frac{\rho}{G}$$

根据此式即可由 $\rho$ 求 $n$。一个工程堆石料的土粒密度是一个比较稳定的数值,该工程的 $G$ 值为 2.67 g/cm$^3$。如测点干密度已经测出为 $\rho = 2.07$ g/cm$^3$,其 $n$ 值为

$$n = 1 - \frac{2.07}{2.67} = 22.5\%$$

干密度相对误差 ≤ 2.5% 的点数为 204 个,占总点数的 91.9%。

### 7.1.2  实例Ⅱ:T 工程密度检测试验

(1)检测对象及工作量:堆石料碾压层密度,检测点数 32 个。

(2)检测方法:附加质量法。

(3)密度反演方法:神经网络法、体积相关法、衰减系数法。

(4)仪器设备、现场作业方法:除 $\Delta m = 93$ kg × 5 外,其他同 7.1.1 节实例Ⅰ。

(5)检测结果:见表 7.1.1。

(6)说明:

①密度计算:

$\rho_w$ 为坑测湿密度。

$\rho_{BP}$由 BP 程序输入 $K$、$m_0$ 计算得到。

表 7.1.1　T 工程堆石料实测资料 　　（压板半径：0.25 m）

| 序号 | 点号 | $K$<br>（MN/m） | $m_0$<br>（kg） | $\rho_w$<br>（t/m³） | $\rho_{BP}$<br>（t/m³） | $\rho_{m_0}$<br>（t/m³） | $\rho_\beta$<br>（t/m³） | $\Delta\rho_{BP}$<br>（t/m³） | $\Delta\rho_{m_0}$<br>（t/m³） | $\Delta\rho_\beta$<br>（t/m³） |
|---|---|---|---|---|---|---|---|---|---|---|
| 1 | A1 | 115 | 483 | 2.19 | 2.20 | 2.21 | 2.21 | 0.01 | 0.02 | 0.02 |
| 2 | A3 | 73.4 | 246 | 2.21 | 2.18 | 2.18 | 2.18 | −0.03 | −0.03 | −0.03 |
| 3 | A4 | 148 | 831 | 2.29 | 2.25 | 2.26 | 2.24 | −0.04 | −0.03 | −0.05 |
| 4 | A5 | 104 | 530 | 2.24 | 2.21 | 2.22 | 2.21 | −0.03 | −0.02 | −0.03 |
| 5 | A6 | 73 | 337 | 2.15 | 2.19 | 2.19 | 2.19 | 0.04 | 0.04 | 0.04 |
| 6 | A7 | 90 | 350 | 2.24 | 2.19 | 2.20 | 2.19 | −0.05 | −0.04 | −0.05 |
| 7 | A8 | 112 | 554 | 2.25 | 2.21 | 2.22 | 2.21 | −0.04 | −0.03 | −0.04 |
| 8 | A12 | 114 | 447 | 2.25 | 2.20 | 2.21 | 2.21 | −0.05 | −0.04 | −0.04 |
| 9 | A13 | 116 | 498 | 2.21 | 2.21 | 2.22 | 2.21 | 0 | 0.01 | 0 |
| 10 | A14 | 174 | 651 | 2.23 | 2.22 | 2.23 | 2.22 | −0.01 | 0 | −0.01 |
| 11 | A17 | 192 | 793 | 2.24 | 2.24 | 2.25 | 2.23 | 0 | 0.01 | −0.01 |
| 12 | A19 | 211 | 1 078 | 2.32 | 2.28 | 2.29 | 2.26 | −0.04 | −0.03 | −0.06 |
| 13 | A20 | 99 | 374 | 2.23 | 2.19 | 2.20 | 2.20 | −0.04 | −0.03 | −0.03 |
| 14 | A21 | 110 | 380 | 2.18 | 2.19 | 2.20 | 2.20 | 0.01 | 0.02 | 0.02 |
| 15 | A22 | 169 | 906 | 2.26 | 2.26 | 2.27 | 2.25 | 0 | 0.01 | −0.01 |
| 16 | A23 | 115 | 398 | 2.08 | 2.19 | 2.20 | 2.20 | 0.11 | 0.12 | 0.12 |
| 17 | A24 | 120 | 587 | 2.18 | 2.22 | 2.23 | 2.22 | 0.04 | 0.05 | 0.04 |
| 18 | A25 | 102 | 395 | 2.19 | 2.19 | 2.20 | 2.20 | 0 | 0.01 | 0.01 |
| 19 | A26 | 141 | 708 | 2.20 | 2.23 | 2.24 | 2.23 | 0.03 | 0.04 | 0.03 |
| 20 | A27 | 120 | 714 | 2.22 | 2.24 | 2.24 | 2.23 | 0.02 | 0.02 | 0.01 |
| 21 | A28 | 92 | 468 | 2.23 | 2.21 | 2.21 | 2.21 | −0.02 | −0.02 | −0.02 |
| 22 | A29 | 110 | 488 | 2.16 | 2.21 | 2.21 | 2.21 | 0.05 | 0.05 | 0.05 |

| 序号 | 点号 | $K$ (MN/m) | $m_0$ (kg) | $\rho_w$ (t/m³) | $\rho_{BP}$ (t/m³) | $\rho_{m_0}$ (t/m³) | $\rho_\beta$ (t/m³) | $\Delta\rho_{BP}$ (t/m³) | $\Delta\rho_{m_0}$ (t/m³) | $\Delta\rho_\beta$ (t/m³) |
|---|---|---|---|---|---|---|---|---|---|---|
| 23 | A30 | 137 | 617 | 2.18 | 2.22 | 2.23 | 2.22 | 0.04 | 0.05 | 0.04 |
| 24 | A31 | 122 | 750 | 2.23 | 2.24 | 2.25 | 2.23 | 0.01 | 0.02 | 0 |
| 25 | A32 | 108 | 688 | 2.21 | 2.23 | 2.24 | 2.23 | 0.02 | 0.03 | 0.02 |
| 26 | A33 | 129 | 697 | 2.20 | 2.23 | 2.24 | 2.23 | 0.03 | 0.04 | 0.03 |
| 27 | A34 | 100 | 367 | 2.22 | 2.19 | 2.20 | 2.20 | −0.03 | −0.02 | −0.02 |
| 28 | B1 | 46 | 1 272 | 2.33 | 2.33 | 2.31 | 2.27 | 0 | −0.02 | −0.06 |
| 29 | B2 | 38 | 642 | 2.25 | 2.24 | 2.23 | 2.23 | −0.01 | −0.02 | −0.02 |
| 30 | B3 | 141 | 609 | 2.26 | 2.22 | 2.23 | 2.23 | −0.04 | −0.03 | −0.03 |
| 31 | C1 | 124 | 489 | 2.23 | 2.20 | 2.21 | 2.22 | −0.03 | −0.02 | −0.01 |
| 32 | C2 | 121 | 646 | 2.21 | 2.23 | 2.23 | 2.23 | 0.02 | 0.02 | 0.02 |

注:$\rho_w$、$\rho_{BP}$、$\rho_{m_0}$、$\rho_\beta$ 依次为坑测法、神经网络法、体积相关法、衰减系数法反演密度值;$\Delta\rho$ 为与坑测法对比误差。

$\rho_{m_0}$ 根据率定关系计算。

对于 $\rho_\beta$,首先将表 7.1.1 中的 $m_0$、$\rho$ 代入式(4.1.18)计算衰减系数 $\beta/\lambda$;其次,根据计算结果绘制 $\beta/\lambda$—$m_0$ 曲线(图4.1.2),并将 $\beta/\lambda$、$m_0$ 取对数做线性化处理后得出:

$$\frac{\beta}{\lambda} = 1.866\,8m_0^{0.024\,4} \times 10^{-4} \qquad (7.1.3)$$

将上式代入式(4.1.24)后得:

$$\rho = 1.901\,5m_0^{0.024\,4} \times 10^{-4} \qquad (7.1.4)$$

最后,将 $m_0$ 代入式(7.1.3)式(7.1.4)即可求得 $m_0$ 相应的密度 $\rho_\beta$。

②密度误差 $\Delta\rho$:

密度误差统计表见表 7.1.2。

表7.1.2 密度误差统计表

| 解法 | 绝对误差（t/m³） | | 相对误差（%） | | 标准差（t/m³） |
|---|---|---|---|---|---|
| | 平均 | 最大 | 平均 | 最大 | |
| BP网络法 | 0.027 8 | 0.11 | 0.012 5 | 0.049 5 | 0.035 7 |
| 体积相关法 | 0.029 4 | 0.12 | 0.013 2 | 0.054 0 | 0.038 2 |
| 衰减系数法 | 0.027 2 | 0.12 | 0.012 3 | 0.054 0 | 0.037 9 |

注:坑测密度均值 $\bar{\rho}$ = 2.220 3 t/m³。

从表7.1.1、表7.1.2中可以看出:

16号点的绝对误差为 0.11 ~ 0.12 t/m³,超过了标准差的3倍,故认为是可疑点。

3种解法的误差变化不大,平均绝对误差为 0.027 2 ~ 0.029 4 t/m³,相对误差为 1.23% ~ 1.32%,标准差为 0.035 7 ~ 0.038 2 t/m³。

# 7.2 地基承载力检测

## 7.2.1 基本思路

(1)做样本点的动静测量:在同一点位先采用附加质量法测量地基的动刚度 $K_d$,再用静载荷试验的办法测量静刚度 $K_s$;

(2)建立动静关系:建立动刚度 $K_d$ 与静刚度 $K_s$ 的关系;

(3)动转静:将测点的动刚度 $K_d$ 换算为静刚度 $K_s$;

(4)选定沉降量:根据经验或者《建筑地基处理技术规范》(JGJ 79—2002)附录A,确定沉降量[$S$];

（5）计算地基承载力：根据式（7.2.1）计算测点的地基承载力特征值 $f$。

$$f = K_s[S] \qquad (7.2.1)$$

## 7.2.2　动静关系

所谓动静关系，即 $K_d$ 与 $K_s$ 的关系。欲建立 $K_d$ 与 $K_s$ 的关系，首先须在同一测点测量 $K_d$ 与 $K_s$。$K_d$ 的测量方法可采用附加质量法，$K_s$ 的测量一般利用静载荷板试验办法，静载荷板试验方法见《建筑地基处理技术规范》（JGJ 79—2002）附录 A。

### 7.2.2.1　静刚度的计算

已知静载荷板试验的压力（$P$）—沉降（$S$）曲线，确定测点的静刚度 $K_s$ 的办法是：

（1）修正畸变点，绘制 $P$—$S$ 曲线；

（2）根据《建筑地基处理技术规范》（JGJ 79—2002）附录 A 选定沉降量 $[S]$，并通过 $[S]$ 确定所对应的压力 $P_{[S]}$；

（3）根据式（7.2.2）计算该测点的静刚度 $K_s$。

$$K_s = \frac{P_{[S]}}{[S]} \qquad (7.2.2)$$

$P_{[S]}$ 应小于等于最大荷载的一半。

### 7.2.2.2　动静关系的建立

（1）根据实测资料采用回归分析法确定 $K_d$ 与 $K_s$ 的关系。

例如，内蒙古乌拉盖水库强夯置换堆石土地基，2003 年 10 月采用静载荷板试验及附加质量法实测 6 个点位。动、静试验的压板均为 $\phi$600 mm 钢板，取得 6 组动静资料。

根据 JGJ 79—2002 规定，选 $[S] = 0.01 \times 600 = 6$（mm），对应 $P$—$S$ 曲线的特征压力 $P_{[S]}$ 分别为 560 kPa、630 kPa、560 kPa、500 kPa、560 kPa（去掉一个畸变点），按式（7.2.2）计算 $K_s$。$K_s$、$K_d$ 值列于表 7.2.1 中，据此数据建立的动静关系见图 7.2.1。

表 7.2.1  $K_s$、$K_d$ 值

| 点号 | 37 | 43 | 44 | 69 | 70 |
|---|---|---|---|---|---|
| $K_d$(kN/mm) | 219 | 177 | 187 | 161 | 125 |
| $K_s$(kN/mm) | 83.3 | 95 | 93.3 | 93.3 | 105 |

其中 $K_s$、$K_d$ 的线性回归式为

$$K_s = 132.7 - 0.217 K_d$$

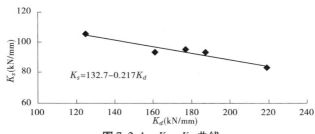

图 7.2.1   $K_s$—$K_d$ 曲线

（2）根据经验确定 $K_d$ 与 $K_s$ 的关系。

《建筑振动工程手册》提供了各种不同类型土的动、静关系，见图 6.5.1 和图 6.5.2，图中 $D_r$ 为土的相对密度，供参考。一般应由实测动静资料建立某工程的动静关系。

由于

$$E_d = \frac{K_d}{d}(1 - \mu^2) \qquad (7.2.3)$$

$$E_s = \frac{K_s}{d}(1 - \mu^2) \qquad (7.2.4)$$

因此

$$\frac{E_d}{E_s} = \frac{K_d}{K_s} \qquad (7.2.5)$$

式中   $d$ ——压板直径；

$\mu$ ——泊松比。

### 7.2.3 地基承载力及变形模量的计算

以内蒙古乌拉盖强夯置换堆石土地基的 44 号点为例：

（1）根据《建筑地基处理技术规范》（JGJ 79—2002）确定地基的特征变形 $[S]$：

$$[S] = 0.01d = 0.01 \times 600 = 6(\mathrm{mm})$$

（2）根据实测 $K_d$ 及 $K_d—K_s$ 关系式，确定测点静刚度 $K_s$。

将 $K_d = 187\ \mathrm{kN/mm}$ 代入动、静刚度 $K_s—K_d$ 关系式计算 $K_s$：

$$K_s = 132.7 - 0.217K_d = 132.7 - 0.217 \times 187 = 92.1(\mathrm{kN/mm})$$

（3）将 $K_s$、$[S]$ 代入 $f = K_s[S]$ 即为所求地基承载力特征值。

将 $[S] = 6\ \mathrm{mm}$、$K_s = 92.1\ \mathrm{kN/mm}$ 代入式（7.2.1）计算地基承载力特征值 $f$：

$$f = K_s[S] = 92.1 \times 6 = 552.6(\mathrm{kPa})$$

（4）变形模量 $E_s$ 的计算。

取 $\mu = 0.34$ 并将 $K_s = 92.1\ \mathrm{kN/mm}$ 代入式（7.2.4）即可计算 $E_s$：

$$E_s = \frac{K_s}{d}(1 - \mu^2) = \frac{92.1}{600} \times (1 - 0.34^2) = 135.8(\mathrm{MPa})$$

泊松比 $\mu$ 可以根据文献提供的数据选取。第四系地层的泊松比为 0.4 ~ 0.49；一般岩层为 0.33，饱和地层为 0.45，碎石土取 0.25，砂土和粉土取 0.3，黏土取 0.42。不同文献提供的数据相差较大，要经分析后再选取，也可以由横波速度 $V_S$ 代入式（1.5.1）计算。

# 7.3 WYS 附加质量法密度仪

## 7.3.1 仪器构造

随着计算机技术的迅速发展，基于计算机声卡的虚拟仪器在工程物探、自动化控制等许多领域得到深入研究和广泛应用。原理上任意一种型号的计算机只要具有声卡功能,加上应用软件即可组成虚拟信号仪器。但是考虑到满足野外工作要求,仪器必须具备性能稳定、操作简单、携带方便等特点。通过对比和分析,WYS 密度测试虚拟仪器主机选择军用便携式计算机,具有较强的抗干扰能力,能够在恶劣环境下正常运行。应用计算机多媒体编程技术,通过控制声卡录音口(MIC/LineIn)所具有的 A/D 功能,实现对所测信号进行采集记录和分析处理。仪器的组成可概括为以下几个部分。

(1)速度型传感器:与计算机 MIC/LineIn 口相连接,接收采集振动信号。

(2)便携式计算机:应用声卡 A/D 对传感器所接收的信号进行模数转换。

(3)信号分析软件:根据应用需要对计算机所接收的信号进行分析计算。

## 7.3.2 主要技术指标

(1)仪器基于计算机声卡功能实现两通道模数采样,软件运行于 Windows XP 系统。

(2)模数转换精度 16 位,最大采样频率 44.1 kHz,即最小采样间隔 22.676 μs。

(3)采样频率范围在 1.1 ~ 44.1 kHz 可选,即采样间隔在 22.676 ~ 909.09 μs 可选。

(4)每个通道采样点数设置为 2 048,显示点数可调,同时提供多种绘图显示方式。

(5)可以对信号进行频谱分析或者数字带通滤波处理。

(6)采用信号频谱细化方法技术,提高信号频率读值精度。

(7)根据实测信号频谱应用附加质量法计算地基刚度 $K$、参振

质量 $m_0$。

（8）应用信号相关分析技术求取地基测点间纵波速度 $V_P$。

（9）应用信号相关分析和小波分析技术提取地基测点间横波速度 $V_S$。

（10）根据物性参数（$K$、$m_0$、$V_P$、$V_S$）可以解算地基密度 $\rho$。

## 7.3.3　主要功能

基于计算机声卡的虚拟仪器不仅具备常规仪器所有的各种功能，而且具有体积小、重量轻、操作简便和性价比高等优点。这种仪器充分体现了现代仪器技术的发展趋势，即"软件就是仪器"。

（1）应用数据处理技术，实现对所测信号资料的管理。

（2）应用附加质量法技术，提供密度测试功能。

（3）提供反射波法桩基检测和瞬态面波测试虚拟仪器试用版。

（4）系统可根据应用需要对功能进行扩充。

## 7.3.4　操作说明

### 7.3.4.1　$K$ 的测试

1. 准备工作

在打开仪器电源开关之前，先连接好测试系统。仪器在面板有三个插孔"$v_1/v_2$、$a_1$、$a_2$"，将传感器（密度测试一般用速度传感器）通过连线连入"$v_1/v_2$"插孔，打开电源，双击面板上"WYS2004 - SI"图标，进入 $\Delta m$ 法密度测试系统。

2. 参数选择

要进行一项新的工作，一般需要创建新项目。执行"创建"功能，点击"创建新项目"按钮，填写项目表，项目表中除工作方法必须在给定范围内选择外，其余可任意给定。对于一个新项目，一般必须创建文本（TXT）及信号（DAT）类型资料夹，其他类型根据需要而定。

设定项目及工作方法(密度测试)后,执行"分析"功能,点击"分析开始"按钮,进入信号采集与分析状态。再执行"记录设置"功能,通过"记录设置"窗口确定记录总道数(最多 24 道)、接收道数(选左道或右道)、采样频率(在给定值中选)、记录(选录音控制)、通道(选线路输入)、通道选择(选手动),点击"确定"按钮,完成设置。

3. 信号采集

执行"采集信号"功能,在右边窗口上面有三个滑动条,中间一个滑动条(Level)用来调整信号触发电平,其值应大于噪声信号而小于测试信号,两边两个滑动条(Gain1、Gain2)用来调整信号增益。"采集编号"用来确定采样信号将要记录的道号。"记录方法"可选择覆盖或叠加方式。执行"采集"即可根据所设参数进行信号采集,锤击后,在显示屏上将显示相应的波形信号。全部采集完成后,执行"保存"将所测信号保存到数据库中。执行"清除"将清除所测信号,可重新进行采集。

4. 频谱分析

首先执行"信号读取"功能,读取要进行分析处理的信号记录,在"读取信号记录"窗口选择记录编号,点击"读取记录"按钮,再点击"返回",然后执行"频谱分析"功能进行频谱分析。在"频谱分析"窗口中,"选择记录"项可选择"全部"或"部分"记录进行处理,"处理信号"项可选择"全部"或"部分"进行处理,"频谱类型"项选择"频谱分析",点击"确定"按钮,将显示频谱曲线。移动竖线光标至频谱曲线某一点处,点击鼠标左键,即可确定该点的频谱。选择"自动填表",所读取的信号频率将自动填写到计算表中。

5. 作 $K$ 曲线——输出 $K$、$m_0$

执行"成果图表"功能。在成果图表窗口中,"数据分组"项给定附加质量的级数,在其下表中输入各级的附加质量及所测频率

（鼠标点击表格的某一格,出现一虚线框,在此虚线框里即可进行数据的输入或修改）;"工区地点"项可输入工作地点名称;"资料编号"项可输入测点号;其余省略。点击"确定"按钮,将显示测试成果图。在成果图中一小黄方框内显示 $K$、$m_0$ 值。点击"保存"可将测试成果保存到数据库中。点击"打印"可将测试成果图在打印机上打印输出。

### 7.3.4.2　$V_P$、$V_S$ 测试

1. 准备工作

打开仪器电源开关之前,将两个速度型检波器通过左面板的"$v_1/v_2$"插孔和仪器连接好,触发用的检波器接单道（左道 CH1）,接收用的检波器接双道（右道 CH2）。打开电源,进入 $\Delta m$ 法密度测试系统。

2. 参数选择

创建新项目（同前）或选择已建项目,执行"分析"功能,"分析方法"项选择测试,点击"分析开始"按钮,执行"记录设置"功能,在"记录设置"窗口设置记录总道数（最多 24 道）、采样频率（在给定值中选）、接收道数（选左道或右道）、记录（选录音控制）、通道（选线路输入）、通道选择（选手动）,点击"确定"按钮,完成设置。

3. 信号采集

执行"采集信号"功能,在"采集信号"窗口,调好触发电平、信号增益,确定"采集编号"及"记录方法"（覆盖或叠加）,点击"采集"按钮开始信号采集。测试一般采用固定触发检波器,逐点移动接收检波器的方式进行。全部采集完成后,点击"保存"按钮,将所测信号保存到数据库中。

4. 计算 $V_P$、$V_S$

执行"信号读取"功能,确定要读取的信号记录,点击"读取记录"按钮,然后"返回";执行"信号显示"功能,显示读取的记录波形,在"信号显示"窗口的"选择方法"项,选择"零点对齐"、"单道

消除"去掉触发信号波形,移动短竖线光标至纵波初至、横波波至处点击,确定纵波或横波波至时间,作时距图,计算纵波速度($V_P$)或横波速度($V_s$)。

# 7.4 弹性力学、土力学有关基本概念

由于堆石体的力学性质在一定条件下与固体及土体类同,因此在研究堆石体密度测试之前有必要重温固体的弹性力学及土力学的基本概念。

## 7.4.1 弹性力学基本概念

### 7.4.1.1 弹性与塑性

物体受力后产生变形,外力除去后又恢复原来的形状,这种力学性质称为物体的弹性;物体受力后产生变形,当外力除去后不能恢复原来的形状,称为物体的塑性;物体受力后产生变形,外力除去后恢复部分变形、保留部分变形,称物体的弹塑性。物体的弹塑性与物体材料的性质、受力大小、力的作用时间有关,如果作用力不大、作用时间不长,则力学性质表现以弹性为主,否则以塑性为主。因此,物体的弹塑性是相对的、有条件的。

### 7.4.1.2 应力和应变

应力,即物体受力后单位面积抵抗变形的内力;应变,即物体受力后的单位变形。因此,应力是被动力。如 $l$、$b$、$A$ 分别代表物体的长度(与受力方向一致的尺度)、宽度、截面面积,$\Delta l$、$\Delta b$ 为 $l$、$b$ 方向的变形量,则物体的应力 $\sigma$、纵向应变 $\varepsilon_l$、横向应变 $\varepsilon_b$ 可由式(7.4.1)、式(7.4.2)、式(7.4.3)表示,如图7.4.1所示。

$$\sigma = \frac{P}{A} \qquad (7.4.1)$$

$$\varepsilon_l = \frac{\Delta l}{l} \qquad (7.4.2)$$

$$\varepsilon_b = \frac{\Delta b}{b} \qquad\qquad (7.4.3)$$

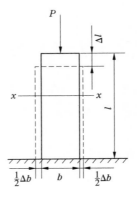

**图 7.4.1　应力和应变图示**

### 7.4.1.3　弹性模量、剪切模量、泊松比

物体某截面面积的纵向应力与纵向应变之比称物体的弹性模量(或杨氏模量),以 $E$ 表示;剪应力与剪应变之比称剪切模量,以 $G$ 表示;横向应变与纵向应变之比称泊松比,以 $\mu$ 表示。$E$、$G$、$\mu$ 统称为物体的弹性参数,分别用式(7.4.4)、式(7.4.5)、式(7.4.6)表示。

$$E = \frac{\sigma}{\varepsilon_l} \qquad\qquad (7.4.4)$$

$$G = \frac{\tau}{\varepsilon_\tau} \qquad\qquad (7.4.5)$$

$$\mu = \frac{\varepsilon_b}{\varepsilon_l} \qquad\qquad (7.4.6)$$

剪应变以 $\varepsilon_\tau$ 表示,剪应力以 $\tau$ 表示,如图 7.4.2 所示,$\varepsilon_\tau$ 可表示为

$$\varepsilon_\tau = \frac{\Delta S}{S} = \tan\varphi \approx \varphi \quad (\text{当}\varphi\text{很小时}) \qquad (7.4.7)$$

#### 7.4.1.4 弹性波速度

设纵波、横波、面波(瑞雷波)速度分别为 $V_P$、$V_S$、$V_R$,介质密度为 $\rho$,则波速与介质弹性参数的关系如下列各式。

纵波速度

$$V_P = a_P \sqrt{E/\rho} \qquad (7.4.8)$$

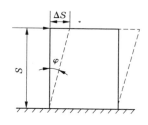

**图 7.4.2 剪应变和剪应力图示**

式中,$a_P$ 为纵波速度系数,对于一维介质 $a_{P_1} = 1$,对于二维介质 $a_{P_2} = \sqrt{1/(1-\mu)^2}$,对于三维介质 $a_{P_3} = \sqrt{(1-\mu)/[(1+\mu)(1-2\mu)]}$。如设 $V_{P_1}$、$V_{P_2}$、$V_{P_3}$ 分别为一维、二维、三维介质的纵波速度,由于 $a_{P_3} > a_{P_2} > a_{P_1}$,故 $V_{P_3} > V_{P_2} > V_{P_1}$。

横波(剪切波)速度

$$V_S = a_S \sqrt{G/\rho} \qquad (7.4.9)$$

瑞雷波速度

$$V_R = a_R \sqrt{G/\rho} \qquad (7.4.10)$$

$$a_R = \frac{0.87 + 1.12\mu}{1 + \mu} = 0.92 \quad (当 \mu = 0.25 时)$$

泊松比与波速关系

$$\mu = \frac{1 - 2\left(\dfrac{V_S}{V_P}\right)^2}{2 - 2\left(\dfrac{V_S}{V_P}\right)^2} \qquad (7.4.11)$$

当 $\mu = 0$ 时,$V_S/V_P = 0.707$;当 $\mu = 0.5$ 时,$V_S = 0$。

### 7.4.2 土力学基本概念

土力学是利用力学理论和试验技术来研究土的力和变形规律的科学。由于土与其他固体相比具有三相性、碎散性和不均匀性、弹塑性等特点,因此土具有与其他材料不同的物理力学特性。如土的密度、孔隙度、含水量,土的本构关系等性质均与其他材料有很大不同。对此必须有所了解。

## 7.4.2.1 三相性

土体是由固相、液相、气相组成的三相分散体(图7.4.3)。固相物质包括多种矿物成分组成的骨架,骨架间的空隙被液相和气相充填,这些空隙是相互连通的,形成多孔介质。液相主要是水(溶解有海里的可溶盐类)。气相主要是空气、水蒸气,有时还有沼气。土中三相物质的含量比例不同,其形态和性态也就不同,土的固相物质约占土体积的一半以上。不同成因类型的土,即使达到相同的三相比例关系,但由于其颗粒大小、形状、矿物成分类型及结构构造上的不同,其性质也会相差甚远。土与岩石的主要区别在于固体颗粒间的联结力很弱,因此其强度较其他固体材料要低得多,且对外界环境(湿度、温度)的影响非常敏感。

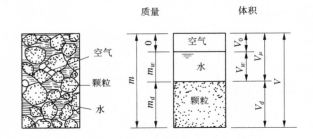

**图7.4.3 土的三相简图**

## 7.4.2.2 物理指标

湿密度 $\qquad \rho = \dfrac{m}{V} \quad (\text{g/cm}^3)$

干密度 $\qquad \rho_d = \dfrac{m_d}{V} \quad (\text{g/cm}^3)$

土粒密度 $\qquad \rho_s = \dfrac{m_d}{V_d}$ （g/cm$^3$）

比重：土粒质量与同体积水的质量之比。

$$G = \frac{m_d}{V_d \cdot \rho_w} = \frac{m_d}{V_d \cdot 1} = \frac{m_d}{V_d} \quad （无量纲）$$

含水率 $\qquad W = \dfrac{m_w}{m_d}$

饱和度 $\qquad S_r = \dfrac{V_w}{V_\mu}$

孔隙比 $\qquad e = \dfrac{V_\mu}{V_d}$

孔隙率（孔隙度） $\qquad n = \dfrac{V_\mu}{V}$

相对密度（无黏性土）

$$D_r = \frac{e_{max} - e}{e_{max} - e_{min}} \quad （D_r 取 0 \sim 1）$$

式中各符号所代表的意义见图 7.4.3。

### 7.4.2.3 力学指标

弹性模量：土的弹性应力 $\sigma$ 与弹性应变 $\varepsilon$ 之比，可以通过循环加荷试验或野外载荷板试验求得。野外载荷板试验可采用回弹变形计算应变。

$$E = \frac{\sigma}{\varepsilon} \qquad\qquad (7.4.12)$$

压缩模量：在有侧限状态下应力 $\sigma_z$ 与应变 $\varepsilon_z$ 之比。

$$E_z = \frac{\sigma_z}{\varepsilon_z} \qquad\qquad (7.4.13)$$

变形模量：单轴无侧限状态下应力 $\sigma_z$ 与应变 $\varepsilon_0$ 之比，可由 $P$—$S$ 曲线直线段求得。

$$E_0 = \frac{\sigma_z}{\varepsilon_0} \qquad (7.4.14)$$

由于在应力相同的情况下 $\varepsilon_0 > \varepsilon_z > \varepsilon$，所以 $E > E_z > E_0$。

抗剪强度：土在剪力作用下的最大剪应力 $\tau$ 为土的抗剪强度。土的剪切符合摩擦定律，即正应力 $\sigma$ 越大，剪应力亦越大；无黏性土的抗剪强度可用式(7.4.15)表示，黏性土的抗剪强度可用式(7.4.16)表示。土的抗剪强度曲线如图 7.4.4 所示，图中 $\tau$、$\sigma$、$c$、$\varphi$ 分别为土的抗剪强度、正应力、黏聚力、内摩擦角。土的黏聚力 $c$：也称土的黏结力，与正应力无关。

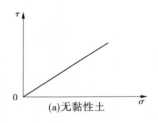
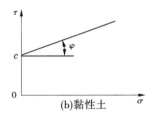

图 7.4.4　土的抗剪强度曲线

$$\tau = \sigma\tan\varphi \qquad (7.4.15)$$
$$\tau_c = \sigma\tan\varphi + c \qquad (7.4.16)$$

土的内摩擦角 $\varphi$ 值：据《地基与基础》(顾晓鲁等,中国建筑工业出版社,1993 年),中、粗、砾砂的 $\varphi$ 值为 $32° \sim 40°$,粉、细砂的 $\varphi$ 值为 $28° \sim 36°$,饱和砂比同样密度的干砂的 $\varphi$ 值小 $1° \sim 2°$；黏性土的内摩擦角 $\varphi$ 为 $0° \sim 30°$,黏聚力 $c$ 一般为 $10 \sim 100$ kPa。

# 7.5　堆石体密度测试的规程、规范节选

[为便于查询,节选的条款号保持与原规范条款号相同]

## 7.5.1 《水利水电工程物探规程》(SL 326—2005)

### 4.18 堆石(土)体密度和地基承载力检测

**4.18.1** 检测堆石(土)体的密度可选用附加质量法、瑞雷波法、核子密度法,也可采用附加质量法测试地基承载力。

**4.18.2** 检测方法技术应符合下列要求:

1 一个测区测试前应分别对不同类型的堆石料进行密度坑测试验、附加质量测试或瑞雷波测试等密度率定试验,试验应在同一点上,先进行附加质量测试或瑞雷波测试,后进行密度坑测试验,同一类型的测区试验应多于五组。

2 当堆石(土)体分层碾压施工、粒径较大(0.2 m 以上)、堆石(土)体成分相对均一时,可选用附加质量法和瑞雷波法。

3 当堆积体粒径较小或堆积物为土体时,可采用核子密度法测试。

4 附加质量法应选择频带宽、灵敏度高、阻尼适中的检测仪器。

5 附加质量法测试应选择适宜的观测系统,测试时附加质量 $\Delta m$ 应多于四级,每级自振频率 $f_i$ 的变化宜大于 1 Hz。

6 瑞雷波法应建立瑞雷波速度与密度的相关关系,宜使用频率适中的检波器及震源,并保证能有效反映出顶层内部碾压质量。检测时采用的激发条件应一致,在一个测点宜进行 3 次以上观测,且所测记录得出的 $V_R$ 误差应小于 5%。

7 核子密度法检测应符合 SL 275 的规定。

**4.18.3** 资料解释应符合下列要求:

1 附加质量法要求:

1)应依据采集的时域信号求取每一级附加质量 $\Delta m$ 所对应的共振频率 $f$ 和对应的 $D$,并作 $D$—$\Delta m$ 曲线和计算介质的刚度 $K$ 及

参振质量 $m_0$。

2）应绘制时距曲线，计算纵波和横波速度，再根据 $\lambda_P = V_P/f_0$（$f_0$ 为 $\Delta m = 0$ 时的共振频率）计算波长 $\lambda_P$。

3）应根据已建立的刚度 $K$ 计算地基承载力。

4）测点密度计算可使用直接求解法、$K—\rho$ 相关法和衰减系数法。

2 瑞雷波法应先计算瑞雷波层速度，再根据试验标定系数计算密度。

3 核子密度法应计算堆积碾压层的干密度。

4 成果图件应将测试的密度值或地基承载力按位置绘制成点位图、曲线或列表。

4.18.4 检测精度要求在检测堆石（土）体相对均匀条件下密度测试的相对误差应小于 5%。

## 7.5.2 《碾压式土石坝施工规范》(DL/T 5129—2001)

14.1.6 坝体压实质量应控制压实参数，并取样检测密度和含水率。检验方法、仪器和操作方法，应符合国家及行业颁发的有关规程、规范要求。

1 黏性土现场密度检测，宜采用环刀法、表面型核子水分密度计法。环刀容积不小于 500 $cm^3$，环刀直径不小于 100 mm、高度不小于 64 mm。

2 砾质土现场密度检测，宜采用挖坑灌砂（灌水）法。挖坑灌砂（灌水）法试坑尺寸见附录 C 中 C2。

3 土质不均匀的黏性土和砾质土的压实度检测宜用三点击实法。三点击实试验按附录 C 中 C4 进行。

4 反滤料、过渡料及砂砾料现场密度检测，宜采用挖坑灌水法或辅以表面波压实密度仪法。挖坑灌水法试坑尺寸见附录 C，试样中最大粒径超过 80 mm 时，试坑直径不应小于最大粒径的 3

倍,试坑深度为碾压层厚。

 5 堆石料现场密度检测,宜采用挖坑灌水法,也可辅以表面波法、测沉降法等快速方法。挖坑灌水法测密度的试坑直径不小于坝料最大粒径的 2～3 倍,最大不超过 2 m,试坑深度为碾压层厚。

 6 黏性土含水率检测,宜采用烘干法,也可用核子水分密度计法、酒精燃烧法、红外线烘干法。

 7 砾质土含水率检测,宜采用烘干法或烤干法。

 8 反滤料、过渡料及砂砾料含水率检测,宜采用烘干法或烤干法。

 9 堆石料含水率检测,宜采用烤干和烘干联合法。

14.1.7 试验仪器校正与率定应按 SL 237 有关规定进行。

14.1.8 质量控制的统计分析,宜应用数理统计方法,定出质量指标,用质量管理图进行质量管理。质量控制的统计分析按附录 C 中 C5 进行。

14.4.3 坝体压实检查项目及取样次数见表 14.4.3。

 取样试坑必须按坝体填筑要求回填后,方可继续填筑。

14.4.4 防渗体压实质量控制除按表 14.4.3 规定取样检查外,尚必须在所有压实可疑处及坝体所有结合处抽查取样,测定干密度、含水率。在压实可疑处取样试验结果不作数理统计和质量管理图的资料。

14.4.5 防渗体填筑时,经取样检查压实合格后,方可继续铺土填筑,否则应进行补压。补压无效时,应分析原因,进行处理。

14.4.6 反滤料和过渡料的填筑,除按规定检查压实质量外,还必须严格控制颗粒级配,不符合设计要求应进行返工。

14.4.7 坝壳堆石料的填筑,以控制压实参数为主,并按规定取样测定干密度和级配作为记录。每层按规定参数压实后,即可继续铺料填筑。对测定的干密度和压实参数进行统计分析,研究改进措施。

表 14.4.3　坝体压实检查次数

| 坝料类别及部位 | | 检查项目 | 取样(检测)次数 |
|---|---|---|---|
| 防渗体 | 黏性土 边角夯实部位 | 干密度、含水率 | 2~3次/每层 |
| | 黏性土 碾压面 | | 1次/100~200 m³ |
| | 黏性土 均匀坝 | | 1次/200~500 m³ |
| | 砾质土 边角夯实部位 | 干密度、含水率、大于5 mm砾石含量 | 2~3次/每层 |
| | 砾质土 碾压面 | | 1次/200~500 m³ |
| 反滤料 | | 干密度、颗粒级配、含泥量 | 1次/200~500 m³,每层至少一次 |
| 过渡料 | | 干密度、颗粒级配 | 1次/500~1 000 m³,每层至少一次 |
| 坝壳砂砾(卵)料 | | 干密度、颗粒级配 | 1次/5 000~10 000 m³ |
| 坝壳砾质土 | | 干密度、含水率、小于5 mm含量 | 1次/3 000~6 000 m³ |
| 堆石料* | | 干密度、颗粒级配 | 1次/10 000~100 000 m³ |

注:*表示堆石料颗粒级配试验组数可比干密度试验适当减少。

14.4.8　进入防渗体填筑面上的路口段处,应检查土层有无剪切破坏,一经发现必须处理。

14.4.9　测密度时,若采用环刀法,应取压实层的下部。若采用挖坑灌砂法或灌水法,试坑应挖至层间结合面,试坑直径应符合14.1.6规定。

14.4.10　对堆石料、砂砾料,按14.4.3取样所测定的干密度,平均值应不小于设计值,标准差应不大于0.1 g/cm³。当样本数小于20组时,合格率应不小于90%,不合格干密度不得低于设计干密度的95%。

14.4.11　对防渗土料,干密度或压实度的合格率不小于90%,不合格干密度或压实度不得低于设计干密度或压实度的98%。

14.4.12 根据坝址地形、地质及坝体填筑土料性质、施工条件,对防渗体选定若干个固定取样断面,沿坝高每5～10 m取代表性试样进行室内物理力学性质试验,作为复核设计及工程管理之依据。必要时应留样品蜡封保存,竣工后移交工程管理单位。

对坝壳料也应在坝面取适当组数的代表性试样进行试验室复核试验。

附录 C(标准的附录)

## 压实质量检验与管理

土石坝压实质量的检测方法应遵守 SL 237、经部级鉴定的新技术和国际上公认的检测方法。施工单位可根据当地土料性质及现场快速测量的要求,制定若干补充规定。

### C1 含水率测定

一般采用的含水率快速测定法有酒精燃烧法、红外线烘干法、电炉烤干法等。酒精燃烧法、红外线烘干法多适用于黏性土;电炉烤干法适用于砾质土,也可用于黏性土。

红外线烘干法、电炉烤干法与温度、烘烤时间、土料性质有关,用其快速测定含水率时,应事先与标准烘干法进行对比试验,以定出烘烤时间、土样数量,并用统计法确定与标准烘干法的误差。实际含水率按下式改正

$$W = W' \pm K$$

式中 $W$——恒温标准烘干法测定的含水率;

$W'$——各种快速法测定的含水率;

$K$——相应的改正值。

## C2 密度测定

**C2.1** 灌砂法(按 SL 237 有关规定进行)

**C2.2** 灌水法

**C2.2.1** 仪器设备:

1 套环(带法兰盘):

1)直径 200 cm、高 20 cm(用于测量最大粒径小于 800 mm 的堆石密度);

2)直径 120 cm、高 20 cm(用于测量最大粒径小于 300 mm 的漂石、堆石密度)。

2 测针(水工模型试验用的水位测针)。

3 台秤:

1)称量 1 000 kg,最小分度值 0.2 kg;

2)称量 500 kg,最小分度值 0.2 kg。

4 薄膜:厚度 0.1 mm、柔性良好的聚乙烯塑料薄膜。

5 盛水容器。

6 温度计:量程 0~50 ℃,分度值 1 ℃;

7 其他:水准尺、铲土工具等。

**C2.2.2** 操作步骤:

1 将测点处的地面整平,并用水准尺检查。

2 按表 C1 规定的试坑尺寸,将相应直径的套环平稳地旋转在试验点上。

3 将水位测针安装在套环上。

4 将大于套环内表面积的一层塑料薄膜置于套环内,沿环底、环壁紧密相贴。

5 用盛水器向环内注水,记录每桶水质量,环内水深控制在 10~15 cm,记录注水总质量 $m_1$、水温 $T$ 和环内水位 $h_1$(即测针读数)。

表 C1　试坑尺寸与试样最大粒径关系

| 试样最大粒径 (mm) | 试坑尺寸 | | 套环直径 (cm) |
| --- | --- | --- | --- |
| | 直径(cm) | 深度 | |
| ≤800 | 不小于 160 | 碾压层厚 | 200 |
| ≤300 | 90~120 | | 120 |

6　排除环内水,取出塑料薄膜,按表 C1 规定,在套环内挖试坑。挖试坑应从中间向外扩展,在挖试坑过程中,不得碰撞套环和挤压坑壁,已松动的岩块应全部取出,称量试样干质量 $m$。

7　在挖好的试坑内,人工整平踩实坑底,将面积足够大的一层塑料薄膜置于坑内,沿坑底、坑壁及套环壁松松地铺上。

8　用盛水器向试坑内注水,记录每桶水的质量,注水到环内水位 $h_1$(即测针读数),记录注入试坑内水的总质量 $m_2$,测量水的温度 $T$。

9　向试坑注水过程中,随时调整塑料薄膜,排除薄膜与试坑壁间的孔隙,使其靠紧坑底、坑壁及环壁。同时,要随时观察塑料薄膜有无刺破漏水现象,发现有刺破漏水处,应停止向试坑内注水,排除坑内的水,待修补好后再按 7、8 款规定进行。

C2.2.3　计算:

1　按下式计算试坑体积

$$V = \frac{m_2 - m_1}{\rho_w} + \Delta V \qquad (C1)$$

式中　$V$——修正后的试坑体积,cm³;

　　　$m_1$——套环内注水质量,g;

　　　$m_2$——套环加试坑内注水质量,g。

## 7.5.3 《土工试验规程》(SL 237—1999)

### 土的工程分类
### SL 237—001—1999

**3.0.4** 土的粒组应按表 3.0.4 中规定的土颗粒粒径范围划分。

**表 3.0.4 粒组划分**

| 粒组统称 | 粒组划分 | | 粒径($d$)的范围(mm) |
|---|---|---|---|
| 巨粒组 | 漂石(块石)组 | | $d > 200$ |
| | 卵石(碎石)组 | | $200 \geqslant d > 60$ |
| 粗粒组 | 砾粒(角砾) | 粗砾 | $60 \geqslant d > 20$ |
| | | 中砾 | $20 \geqslant d > 5$ |
| | | 细砾 | $5 \geqslant d > 2$ |
| | 砂粒 | 粗砂 | $2 \geqslant d > 0.5$ |
| | | 中砂 | $0.5 \geqslant d > 0.25$ |
| | | 细砂 | $0.25 \geqslant d > 0.075$ |
| 细粒组 | 粉粒 | | $0.075 \geqslant d > 0.005$ |
| | 黏粒 | | $d \leqslant 0.005$ |

**3.0.5** 土颗粒组成特性应以土的级配指标(不均匀系数 $C_u$ 和曲率系数 $C_c$)表示。

1 不均匀系数 $C_u$:反映土中颗粒级配均匀程度的一个系数,应按式(3.0.5-1)计算:

$$C_u = \frac{d_{60}}{d_{10}} \qquad (3.0.5\text{-}1)$$

式中 $d_{10}$、$d_{60}$——在粒径分布曲线上粒径累积质量分别占总质量 10% 和 60% 的粒径。

2 曲率系数 $C_c$:反映粒径分布曲线的形状,是颗粒级配优劣程度的一个系数,应按式(3.0.5-2)计算:

$$C_c = \frac{(d_{30})^2}{d_{10}d_{60}} \qquad (3.0.5\text{-}2)$$

式中 $d_{30}$——在粒径分布曲线上粒径累积质量占总质量30%的粒径。

4.2.1 试样中巨粒组质量大于总质量50%的土称巨粒类土。

4.2.2 试样中巨粒组质量为总质量15%~50%的土为巨粒混合土。

含水率试验
SL 237—003—1999

## 1 定义和适用范围

1.0.1 土的含水率是试样在105~110 ℃下烘到恒量时所失去的水质量和达恒量后干土质量的比值,以百分数表示。

1.0.2 本试验以烘干法为室内试验的标准方法。在野外如无烘箱设备或要求快速测定含水率时,可依土的性质和工程情况分别采用下列方法。

　　1 酒精燃烧法。适用于简易测定细粒土含水率。

　　2 比重法。适用于砂类土。

1.0.3 本规程适用于有机质(泥炭、腐殖质及其他)含量不超过干质量5%的土,当土中有机质含量在5%~10%之间时,仍允许采用本规程进行试验,但需注明有机质含量。

## 2 烘干法

2.1 仪器设备

2.1.1 烘箱:可采用电热烘箱或温度能保持105~110 ℃的其他能源烘箱。

2.1.2 天平:称量 200 g,分度值 0.01 g。

2.1.3 其他:干燥器、称量盒(为简化计算手续可用恒质量盒)。

## 2.2 仪器设备的检定和校准

2.2.1 天平应按相应的检定规程进行检定。

## 2.3 操作步骤

2.3.1 取代表性试样 15～30 g,放入称量盒内,立即盖好盒盖,称量。称量时,可在天平一端放上等质量的称量盒或与盒等质量的砝码。称量结果即为湿土质量。

2.3.2 揭开盒盖,将试样和盒放入烘箱,在温度 105～110 ℃下烘到恒量。烘干时间对黏质土不少于 8 h;对砂类土不少于 6 h;对含有机质超过 10% 的土应将温度控制在 65～70 ℃ 的恒温下烘至恒量。

2.3.3 将烘干后的试样和盒取出,盖好盒盖放入干燥器内冷却至室温,称干土质量。

2.3.4 本试验称量应准确至 0.01 g。

2.3.5 按式(2.3.5)计算含水率:

$$\omega = \left( \frac{m}{m_d} - 1 \right) \times 100 \qquad (2.3.5)$$

式中　$\omega$——含水率,%;

　　　$m$——湿土质量,g;

　　　$m_d$——干土质量,g。

计算至 0.1%。

2.3.6 本试验需进行 2 次测定,取其算术平均值,允许平行差值符合表 2.3.6 规定。

表 2.3.6 含水率测定的允许平行差值

| 含水率(%) | 允许平行差值(%) |
|---|---|
| <10 | 0.5 |
| 10～40 | 1.0 |
| >40 | 2.0 |

## 3 酒精燃烧法

### 3.1 仪器设备

3.1.1 称量盒(定期校正为恒值)。

3.1.2 天平:称量 200 g,分度值 0.01 g。

3.1.3 酒精:纯度 95%。

3.1.4 其他:滴管、火柴、调土刀等。

### 3.2 仪器设备的检定和校准

3.2.1 天平应按相应的检定规程进行检定。

### 3.3 操作步骤

3.3.1 取代表性试样(黏质土 5~10 g,砂质土 20~30 g)放入称量盒内,按本规程 2.3.1 规定称湿土质量。

3.3.2 用滴管将酒精注入放有试样的称量盒中,直至盒中出现自由液面为止。为使酒精在试样中充分混合均匀,可将盒底在桌面上轻轻敲击。

3.3.3 点燃盒中酒精,燃至火焰熄灭。

3.3.4 将试样冷却数分钟,按本规程 3.3.2、3.3.3 规定再重复燃烧 2 次,当第 3 次火焰熄灭后,立即盖好盒盖,称干土质量。

3.3.5 本试验称量应准确至 0.01 g。

3.3.6 本试验需进行 2 次平行测定,计算方法及允许平行差值见本规程式(2.3.5)和表 2.3.6。

### 3.4 记录

3.4.1 本试验记录格式见本规程表 2.4.1。

## 4 比重法

### 4.1 仪器设备

4.1.1 玻璃瓶:容积 500 mL 以上。

4.1.2 天平:称量 1 000 g,分度值 0.5 g。

**4.1.3** 其他:漏斗、小勺、吸水球、玻璃片、土样盘及玻璃棒等。

**4.2** 仪器设备的检定和校准

**4.2.1** 天平应按相应的检定规程进行检定。

**4.3** 操作步骤

**4.3.1** 取代表性砂质土试样200～300 g,放入土样盘内。

**4.3.2** 向玻璃瓶中注入清水至1/3左右。然后用漏斗将土样盘中的试样倒入瓶中,并用玻璃棒搅拌1～2 min,直到含气完全排出为止。

**4.3.3** 向瓶中加清水至全部充满,静置1 min后用吸水球吸去泡沫,再加清水使其充满,盖上玻璃片,擦干瓶外壁称量。

**4.3.4** 倒去瓶中混合液,洗净,再向瓶中加清水至全部充满,盖上玻璃片,擦干瓶外壁称量。

**4.3.5** 本试验称量应准确至0.5 g。

**4.3.6** 按式(4.3.6)计算含水率:

$$\omega = \left[ \frac{m(G_s - 1)}{G_s - (m_1 - m_2)} - 1 \right] \times 100 \text{❶❷} \qquad (4.3.6)$$

式中　$\omega$——砂类土的含水率,%;

　　　$m$——湿土质量,g;

　　　$m_1$——瓶、水、土、玻璃片质量,g;

　　　$m_2$——瓶、水、玻璃片质量,g;

　　　$G_s$——土粒比重。

计算至0.1%。

**4.3.7** 本试验需进行2次平行测定,取其算术平均值。

---

❶为简化计算及试验手续,可将$m_2$定期校正成恒值。

❷砂类土的比重可实测或根据一般资料估计。

原位密度试验
SL 237—041—1999

1.0.2 原位密度试验方法有环刀法、灌砂法、灌水法、核子射线法等。
　　1　灌砂法、灌水法适用于砾类填土。
　　2　环刀法、核子射线法适用于细粒土。

## 3　灌水法

3.1　仪器设备

3.1.1　储水筒:直径应均匀,并附有刻度。

3.1.2　台秤:称量 20 kg,分度值 5 g;称量 50 kg,分度值 10 g。

3.1.3　薄膜:聚乙烯塑料薄膜。

3.1.4　其他:铲土工具、水准尺、直尺等。

3.2　仪器设备的检定和校准

3.2.1　台秤:应按相应的检定规程进行检定。

3.2.2　储水筒:应按 JJG 259—89《标准金属量器检定规程》进行检定。

3.3　操作步骤

3.3.1　将测点处的地面整平,并用水准尺检查。

3.3.2　按本规程表 2.3.4 规定确定试坑尺寸。按确定的试坑直径划出坑口轮廓线,在轮廓线内下挖至要求的深度。将坑内的试样装入盛土容器内,称试样质量。取有代表性的试样测定含水率。

3.3.3　试坑挖好后,放上相应尺寸的套环,并用水准尺找平。将大于试坑容积的塑料薄膜沿坑底、坑壁紧密相贴。

3.3.4　记录储水筒内初始水位高度,拧开储水筒内的注水开关,将水缓慢注入塑料薄膜中。当水面接近套环上边缘时,将水流调小,直至水面与套环上边缘齐平时关注水开关,不应使套环内的水溢出。持续 3~5 min,记录储水筒内水位高度。

## 3.4 计算

**3.4.1** 按式(3.4.1)计算试坑体积:

$$V = (H_2 - H_1)A_\omega - V_0 \qquad (3.4.1)$$

式中 $V$——试坑体积,$cm^3$;

$H_1$——储水筒内初始水位高度,cm;

$H_2$——储水筒内注水终了时水位高度,cm;

$A_\omega$——储水筒断面面积,$cm^2$;

$V_0$——套环体积,$cm^3$。

**3.4.2** 按式(3.4.2-1)、式(3.4.2-2)计算湿密度及干密度:

$$\rho = \frac{m}{V} \qquad (3.4.2\text{-}1)$$

$$\rho_d = \frac{\rho}{1 + 0.01\omega} \qquad (3.4.2\text{-}2)$$

式中 $m$——取自试坑内的试样质量,g;

$\omega$——试坑中土的含水率,%;

其余符号见本规程 2.5.2、3.4.1。

计算至 0.01 $g/cm^3$。

条文说明

原位密度试验

SL 237—041—1999

**3.3.1～3.3.3** 工地用灌水法测量密度,测试方法是采用较大的试坑(与灌砂法相近),在坑内铺普通塑料薄膜后,灌水测定试坑体积。由于薄膜不能紧贴凹凸不平的坑壁,并有折、皱纹等现象,使测得的体积偏小,计算的干密度偏大,与灌砂法相比,有时差值达 0.03 $g/cm^3$。为了解决试坑地面和试坑内壁平整度,本规程建议在试坑地面置放相应尺寸的套环,并用水准尺找平,试坑内壁采用较柔软的薄塑料膜铺设,使与坑底、坑壁紧密相贴,以提高测定试坑体积的准确度。

# 参 考 文 献

[1] 孙其诚,厚美瑛,金峰. 颗粒物质物理与力学[M]. 北京:科学出版社,
2011.

[2] 孙其诚,王光谦. 颗粒物质力学导论[M]. 北京:科学出版社,2009.

[3] 中华人民共和国建设部. 土的分类标准(GB/T 50145—2007)[S]. 北京:
中国计划出版社,2008.

[4] 中国水利水电建设工程咨询西北公司糯扎渡监理中心. 糯扎渡水电站心
墙堆石坝施工工法及质量控制措施[R]. 2011.

[5] 杨成林,等. 瑞雷波勘探[M]. 北京:地质出版社,1993.

[6] 孙继增,等. 堆石坝压实密度快速无损检测新技术[J]. 水利水电技术,
1996(1):22-28.

[7] 郑州大学. 燕山水库土石坝施工质量控制新技术研究(阶段工作汇报)
[R]. 2006.

[8] 盛安连. 路基路面检测技术[M]. 北京:人民交通出版社,1999.

[9] 吴佳晔,北本幸义,吴佳尔,等. 落球检测在土石坝夯实管理中的应用
[C]//大坝安全与堤坝隐患探测国际学术研讨会论文集. 2005.

[10] 郭庆国. 粗粒土的工程特性及应用[M]. 郑州:黄河水利出版社,1998.

[11] 常士骠. 工程地质手册[M]. 北京:中国建筑工业出版社,1992.

[12] 郭庆国. 粗粒土的工程特性及应用[M]. 郑州:黄河水利出版社,2001.

[13] 郭长城. 建筑结构振动计算[M]. 北京:中国建筑工业出版社,1987.

[14] 李文美,方同,程松淇. 机械振动[M]. 北京:科学出版社,1985.

[15] 黄义,何芳社. 弹性地基上的梁、板、壳[M]. 北京:科学出版社,2005.

[16] 蔡伟明,胡中雄. 土力学与基础工程[M]. 北京:中国建筑工业出版社,
1991.

[17] 王成华. 土力学原理[M]. 天津:天津大学出版社,2002.

[18] 严人觉,王贻荪,韩清宇. 动力基础半空间理论概论[M]. 北京:中国建
筑工业出版社,1981.

[19] 倪亚贤,董慎行. 对称非线性弹簧振子的周期特性[J]. 大学物理,

2003,22(4):22-24.

[20] 李丕武. 堆石体密度测定的动力参数法(黄河设计公司研究报告)[R]. 2005.

[21] 李葆德,等. 振动测试与应变电测技术[M]. 北京:清华大学出版社, 1987.

[22] 李丕武. 地基承载力动测的附加质量法[J]. 地球物理学报,1993(5): 683-687.

[23] 李丕武. 堆石体密度测定的附加质量法[J]. 地球物理学报,1999(3): 422-427.

[24] E.O·布赖姆. 快速傅里叶变换[M]. 柳群,译. 上海:上海科学技术出版社,1979.

[25] 刘明贵,余诗刚,汪大国. 桩基检测技术指南[M]. 北京:科学出版社, 1995.

[26] 赵鸿儒,郭铁栓,徐子君,等. 工程多波地震勘探[M]. 北京:地震出版社,1996.

[27] 《数学手册》编写组. 数学手册[M]. 北京:人民教育出版社,1979.

[28] 谢树芸. 矢量分析与场论[M]. 北京:人民教育出版社,1976.

[29] 付良魁. 应用地球物理教程[M]. 北京:地质出版社,1991.

[30] 黄河设计公司. 堆石体密度原位测试技术研究报告[R]. 2008.

[31] 韩力群. 人工神经网络教程[M]. 北京:北京邮电大学出版社,2006.

[32] 费业泰. 误差理论与数据处理[M]. 北京:机械工业出版社,2008.

[33] 徐萃薇,孙耀武. 计算方法[M]. 北京:高等教育出版社,2003.

[34] 钱家欢,殷宗泽. 土工原理与计算[M]. 北京:中国水利水电出版社, 2006.

[35] 河南省技术监督局. 实验室计证计量基础知识. 1991.

[36] 中华人民共和国水利部. 土工试验规程(SL 237—1999)[S]. 北京:中国水利水电出版社,2000.

[37] 中华人民共和国国家经济贸易委员会. 碾压式土石坝施工规范(DL/T 5129—2001)[S]. 北京:中国电力出版社,2005.

[38] 中华人民共和国水利部. 水利水电工程物探规程(SL 326—2005)[S]. 北京:中国水利水电出版社,2005.

[39] 贾俊平,何晓群,金勇进. 统计学[M]. 北京:中国人民大学出版社,2007.

[40] C. F·比尔兹. 结构振动分析[M]. 朱世杰,陈玉琼,译. 北京:中国铁道出版社,1988.

[41] 邓先金,邝向军. 非轻质多弹簧串联系统的有效质量和劲度系数计算[J]. 西南大学学报:自然科学版,2009,31(5):13-18.

[42] 金彪. 也谈弹簧质量对弹簧振子振动周期的影响[J]. 中学物理,2011(3):19-21.

[43] 李清政. 弹簧的等效质量[J]. 湖北民族学院学报,2004,22(1):29-31.

[44] 应雄纯. 弹簧等效质量测定研究[J]. 湖州师范学院学报,2000,22(3):38-41.

[45] 刘怀宜. 弹簧的等效质量研究[J]. 重庆工业学院学报,2001,15(2):98-100.

[46] 刘炜. 用振动法研究弹簧振子的有效质量和倔强系数[J]. 实验技术管理,2006,23(10):38-39.

[47] 吴贤俊. 弹簧振子周期经验公式的研究[J]. 四川教育学院学报,2009,19(5):69-71.

[48] 徐雨浩. 弹簧有效质量的试验研究[R]. 2009.

[49] 顾晓鲁,钱鸿瑨,刘惠珊,等. 地基与基础[M]. 北京:中国建筑工业出版社,1993.

[50] 高大钊. 地基基础测试新技术[M]. 北京:机械工业出版社,2002.

[51] 中华人民共和国建设部. 动力机器基础设计规范(GB 50040—96)[S]. 北京:中国计划出版社,1996.

[52] 黄道宣. 土力学与土质学[M]. 北京:电力出版社,1987.

[53] H. J·佩因. 振动与波动物理学[M]. 陈难先,赫松安,译. 北京:人民教育出版社,1980.

[54] A. H·奈弗,D. T·穆克. 非线性振动[M]. 宋家骕,等译. 北京:高等教育出版社,1980.

[55] 林少光,龚善初. 弹簧振子非线性振动的周期计算[J]. 湖南文理学院学报:自然科学版,2009,2(4):19-22.

[56] 龙凤翔. 弹簧振子非线性振动分析及应用[J]. 现代振动与噪声技术,

2007(5):82-87.

[57] 王家映. 地球物理反演概述[J]. 工程地球物理学报,2007,4(1):82-87.

[58] 吴世明,等. 土动力学[M]. 北京:中国建筑工业出版社,2000.

[59] 徐建. 建筑振动工程手册[M]. 北京:中国建筑工业出版社,2002.

[60] 王杰贤. 动力地基与基础[M]. 北京:科学出版社,2001.

[61] 姜俊平,等. 振动计算与隔振设计[M]. 北京:中国建筑工业出版社,1985.

[62] 中华人民共和国住房和城乡建设部. 混凝土结构设计规范(GB 50010—2010)[S]. 北京:中国建筑工业出版社,2010.

[63] 杨桂通. 土动力学[M]. 北京:中国建材工业出版社,2000.